高等院校计算机类规划教材

全国高等院校计算机基础教育研究会立项项目成果

U0309705

RFID 与智能卡技术实验指导书

主　编　韩清华　陈文绪　施明登

副主编　曾德斌　陈　杰

北京邮电大学出版社
www.buptpress.com

内 容 简 介

本书第 1 章深入探讨了 RFID 技术的核心概念、工作机制及其广泛应用，为读者理解 RFID 系统奠定坚实基础。第 2 章详细介绍了 Visual Studio 的安装与使用，帮助读者掌握 C♯编程的入门技能。第 3 章通过介绍 C♯控件的使用，让读者熟悉基础开发操作。第 4 章聚焦于 C♯开发专项实训，通过数据库连接和操作的练习，提升读者数据库开发实战能力。第 5 章通过物联网虚拟仿真实训，让读者在模拟环境中实践 RFID 技术。第 6 章则介绍了网络通信连接的实验操作，包括 WSN、NB-IoT、LoRa、Wi-Fi 和蓝牙等通信技术的应用。本书将理论和实践相结合，可作为 RFID 技术相关专业的教材或 RFID 技术学习者、智能卡开发者的参考用书。

图书在版编目（CIP）数据

RFID 与智能卡技术实验指导书 / 韩清华，陈文绪，

施明登主编 . -- 北京 ：北京邮电大学出版社，2024.

ISBN 978-7-5635-7265-6

Ⅰ. TN911.23

中国国家版本馆 CIP 数据核字第 2024LB4809 号

策划编辑：马晓仟　　责任编辑：廖　娟　　责任校对：张会良　　封面设计：七星博纳

出版发行　北京邮电大学出版社

社　　　址：北京市海淀区西土城路 10 号

邮政编码：100876

发 行 部：电话：010-62282185　传真：010-62283578

E-mail：publish@bupt.edu.cn

经　　销：各地新华书店

印　　刷：保定市中画美凯印刷有限公司

开　　本：787 mm×1 092 mm　1/16

印　　张：10.5

字　　数：278 千字

版　　次：2024 年 11 月第 1 版

印　　次：2024 年 11 月第 1 次印刷

ISBN 978-7-5635-7265-6　　　　　　　　　　　　　　　　　定价：36.00 元

前　言

在当今数字化转型和智能化升级的浪潮中,RFID 作为连接物理世界与数字世界的桥梁,其重要性日益凸显。RFID 不仅在物流管理、供应链优化、智能交通等领域发挥着关键作用,还在医疗健康、智能制造、智慧城市建设等方面展现出巨大的潜力。"RFID 与智能卡技术"是一门实践性较强的专业基础课程,通过实验和课程设计,使学生巩固 RFID 的基本理论知识,提升电子标签和智能卡的分析与设计能力,培养学生独立分析问题、解决问题的能力和严谨的治学态度。

本书由韩清华、陈文绪、施明登共同编写。曾德斌、陈杰在书稿的编写过程中认真阅读了所有章节,提供了大量在实际教学中积累的重要素材,对教材的结构和内容提出了中肯的建议,并在后期审校工作中提供了很多帮助。本教材的编写得到了塔里木大学"物联网工程专业教学团队"建设项目(编号:TDJXTD 2208)和"物联网工程兵团一流本科专业"建设项目(编号:22/22000030126)的支持。在信息工程学院领导的关心和同仁的共同努力下,本书得以顺利出版。我们对所有支持者表示衷心的感谢。

由于编者水平有限,书中不妥之处在所难免,敬请读者批评指正。

编　者
2024 年 1 月

目　　录

第1章 射频识别前端技术简介

射频识别(Radio Frequency Identification,RFID)是一种非接触的自动识别技术,作为实体,它是利用无线射频技术对物体对象进行非接触式和即时自动识别的无线通信信息系统。

RFID典型应用场景包括:在物流领域用于仓库管理、生产线自动化、日用品销售;在交通运输领域用于集装箱与包裹管理、高速公路收费与停车收费;在农牧渔业用于水果、羊群、鱼类等的管理以及宠物、野生动物跟踪;在医疗行业用于药品生产、病人看护、医疗垃圾跟踪;在制造业用于零部件与库存的可视化管理。RFID还可以应用于图书与文档管理、门禁管理、定位与物体跟踪、环境感知和支票防伪等领域。

1.1 RFID 工作原理

(1) 一般的 RFID 系统组成如图 1-1 所示。

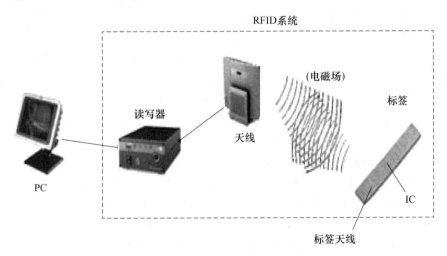

图 1-1 RFID 系统组成

电子标签中一般保存有约定格式的电子数据,在实际应用中,电子标签附着在待识别物体的表面。读写器可无接触地读取并识别电子标签中所保存的电子数据,从而达到自动识别物体的目的。通常,读写器与计算机相连,其所读取的标签信息被传送到计算机进行下一步处理。除以上基本配置之外,RFID系统还应包括相应的应用软件。读写器通过天线发送一定频率的射频信号,当标签进入磁场时产生感应电流从而获得能量,标签发送自身编码信息,被读写器读取并解码后发送至计算机进行有关处理。RFID系统组成部分的介绍见表 1-1。

表 1-1　RFID 系统组成部分

读写器（Reader）	读取（有时还可以写入）标签信息的设备，可设计为手持式或固定式
天线（Antenna）	在标签和读写器间传递射频信号
标签（Tag）	由耦合元件及芯片组成，每个标签具有唯一的电子编码，附着在物体上标识目标对象；每个标签都有全球唯一的 ID 号码——UID，UID 是在制作芯片时放在 ROM 中的，无法修改

（2）RFID 系统的工作频率。

通常，读写器发送时所使用的频率被称为 RFID 系统的工作频率。常见的工作频率有低频 125 kHz、134.2 kHz 及 13.56 MHz 等，见表1-2。低频系统一般指其工作频率小于 30 MHz 的，典型的工作频率有：125 kHz、225 kHz、13.56 MHz 等，这些频率应用的射频识别系统一般都有相应的国际标准予以支持。其基本特点是电子标签的成本较低、标签内保存的数据量较少、阅读距离较短、电子标签外形多样（卡状、环状、纽扣状或笔状）、阅读天线方向性不强等。

表 1-2　RFID 系统的工作频率

频段	描述	作用距离	穿透能力
125～134 kHz	低频（LF）	45 cm	能穿透大部分物体
13.553～13.567 MHz	高频（HF）	1～3 m	勉强能穿透金属和液体
400～1 000 MHz	超高频（UHF）	3～9 m	穿透能力较弱
2.45 GHz	微波（Microwave）	3 m	穿透能力最弱

（3）RFID 标签类型。

RFID 标签分为主动标签（Active Tags）和被动标签（Passive Tags）两种。主动标签自身带有电池供电，读/写距离较远时体积较大，与被动标签相比成本较高，也被称为有源标签，一般具有较远的阅读距离。其不足之处是电池不能长久使用，能量耗尽后需要更换电池。

被动标签在接收到读写器（读出装置）发出的微波信号后，将部分微波能量转化为直流电供自己工作，一般可做到免维护，成本很低并具有很长的使用寿命，比主动标签更小、更轻，读写距离较近，也被称为无源标签。相比有源标签，无源标签在阅读距离及适应物体运动速度方面略有限制。按照存储的信息是否被改写，标签也被分为只读式标签（Read Only）和可读写标签（Read and Write），只读式标签内的信息在集成电路生产时即将信息写入，以后不能修改，只能被专门设备读取；可读写标签将保存的信息写入其内部的存贮区，需要改写时也可以采用专门的编程或写入设备擦写。一般将信息写入电子标签所花费的时间远大于读取电子标签信息所花费的时间，写入所花费的时间为秒级，读取所花费的时间为毫秒级。

1.2　RFID 特点及优势

RFID 是一项易于操控、简单实用且特别适用于自动化控制的灵活性应用技术，识别工作无须人工干预，它既可支持只读工作模式，也可支持读写工作模式，且无须接触或瞄准；可自由工作在各种环境下，如短距离射频产品可用于油渍、灰尘污染等恶劣的环境；可以替代条码，如用在工厂的流水线上跟踪物体；长距离射频产品多用于交通上，识别距离可达几十米，如自动收费或识别车辆身份等。RFID 所具备的独特优越性是其他识别技术无可企及的。RFID 主要有以下七个方面特点。

（1）读取方便快捷：数据的读取无须光源，甚至可以透过外包装进行。有效识别距离更远，采用自带电池的主动标签时，有效识别距离可达到 30 米以上。

（2）识别速度快：一旦标签进入磁场，解读器就可以即时读取其中的信息，而且能够同时处理多个标签，实现批量识别。

（3）数据容量大：数据容量最大的二维条形码（PDF417）最多也只能存储 2 725 个字节；若包含字母，则存储量会更小。RFID 标签数据容量则可以根据用户的需要扩充到数十千字节。

（4）使用寿命长，应用范围广：RFID 的无线电通信方式使其可以应用于粉尘、油污等高污染环境和放射性环境，而且其封闭式包装使得其寿命大大超过印刷的条形码。

（5）标签数据可动态更改：利用编程器可以写入数据，从而赋予 RFID 标签交互式便携数据文件的功能，而且写入时间比打印条形码更短。

（6）更好的安全性：RFID 标签不仅可以嵌入或附着在不同形状、类型的产品上，而且可以为标签数据的读写设置密码保护，从而具有更高的安全性。

（7）动态实时通信：标签以每秒 50～100 次的频率与解读器进行通信，所以只要 RFID 标签所附着的物体出现在解读器的有效识别范围内，就可以对其位置进行动态的追踪和监控。

1.3　RFID 协议标准

射频标签的通信标准是标签芯片设计的依据，目前与 RFID 相关的通信标准主要有：ISO/IEC 18000 标准（该标准包括 7 个部分，涉及 125 kHz、13.56 MHz、433 MHz、860～960 MHz 和 2.45 GHz 等频段）、ISO 11785 标准（低频）、ISO/IEC 14443 标准（13.56 MHz）、ISO/IEC 15693 标准（13.56 MHz）、EPC 标准（包括 Class 0、Class 1 和 GEN 2 三种协议，涉及 HF 和 UHF 两种频段）、DSRC 标准（欧洲 ETC 标准，含 5.8 GHz）。

1.3.1　ISO 18000 协议

ISO 18000-2 协议对应 125～135 kHz 频段，对低频识别进行一些规范，ISO 18000-7 协议对应 433.92 MHz 频段，配备相应的读写器，阅读距离较远；ISO 18000-6 协议对应 860～960 MHz 频段，阅读距离一般情况下为 4～6 m，最大可达 10 m 以上；ISO 18000-4 协议对应 2.45 GHz 频段，典型的微波射频标签的识读距离为 3～5 m，个别达 10 m 或 10 m 以上。

1.3.2　ISO 11784 和 ISO 11785 协议

ISO 11784 和 ISO 11785 协议对应 134.2 kHz 频段，应用于动物识别。

1.3.3　ISO 14443 和 ISO 15693 协议

ISO 14443 和 ISO 15693 协议对应 13.56 MHz 频段，国际标准 ISO 14443 定义了 Type A 和 Type B 两种信号接口，读写距离通常在 10 cm 以内，其中 ISO 14443 Type A（ISO 14443A）一般用于门禁卡、公交卡和小额储值消费卡等，具有较高的市场占有率；由于 ISO 14443 Type B（ISO 14443B）加密系数比较高，更适用于 CPU 卡，一般用于身份证、护照、银行卡等，目前第二代居民身份证采用 ISO 14443 Type B 协议；ISO 15693 协议读写距离可达到 1 m，应用较灵活。

1.4　被动式应答 RFID 系统

被动式应答 RFID 系统由阅读器和应答器两部分组成,其中阅读器包括高频振荡器、功率放大器、数码显示、解调电路和解码电路;应答器则包括稳压电路、整流电路、调制电路和编码电路,总体组成框图如图 1-2 所示,其工作过程是:接通阅读器电源后,高频振荡器产生 13.56 MHz方波信号,经功率放大器放大后输送到天线线圈,在阅读器的天线线圈周围会产生高频强电磁场。当应答器的天线线圈靠近阅读器的天线线圈时,一部分磁力线穿过应答器的天线线圈,通过电磁感应,在应答器的天线线圈上产生一个高频交流电压,该电压经过应答器的整流电路整流后,再由稳压电路进行稳压输出直流电压作为应答器单片机的工作电源,实现能量传送。

应答器单片机在通电之后进入正常工作状态,会不停地通过输出端口向外发送数字编码信号。单片机发送的有高低电平变化的数字编码信号到达开关电路后,开关电路会根据输入信号高低电平变化相应地在接通和关断两个状态进行改变。开关电路高低电平的变化会影响应答器电路的品质因素和复变阻抗的大小。这些应答器电路参数的改变会反作用于阅读器天线的电压变化,实现 ASK 调制(负载调制)。

在阅读器中,由检波电路将经过 ASK 调制的高频载波进行包络检波,并将高频成分滤掉后,将包络还原为应答器单片机所发送的数字编码信号送给阅读器上的解码单片机。解码单片机收到信号后控制与之相连的数码管显示电路,并将该应答器所传送的信息通过数码管显示出来,实现信息传送。

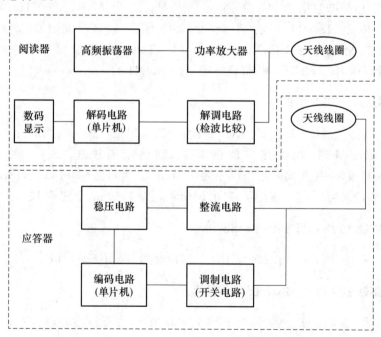

图 1-2　RFID 系统组成框图

1.5　振　荡　器

振荡器是一种用于产生周期性振荡信号的电路。振荡器的输出信号应该由以下指标来衡量:一是频率,即频率的准确度与稳定度;二是振幅,即振幅的大小与稳定性;三是波形及波形的失真;四是输出功率,要求该振荡器能带动一定的负载。按照选频网络性质分类,振荡器可分为电感三点式振荡器(LC 振荡器)和电容三点式振荡器(RC 振荡器)。

1.5.1　电感三点式振荡器

电路的 LC 并联谐振电路中的电感有首端、中间抽头和尾端三个端点,其交流通路分别与放大电路的集电极、发射极(地)和基极相连,反馈信号取自电感 L_2 上的电压,因此被称为电感三点式 LC 振荡电路或电感反馈式振荡电路。其工作频率范围可以从几十千赫兹到几百兆赫兹不等;反馈信号取自 L_2,对 f_0 的高次谐波的阻抗较大,因而引起振荡回路的谐波分量增大,使输出波形不理想。

1.5.2　电容三点式振荡器

电容三点式振荡器,又称为考毕兹振荡器。电容 C_1、C_2 和电感 L 构成正反馈选频网络,反馈信号取自电容 C_2 两端,故称为电容三点式振荡电路,也称为电容反馈式振荡电路。反馈信号与输入端电压同相,满足振荡的相位平衡条件,在 LC 谐振回路 Q 值足够高的条件下,电路的振荡频率近似等于回路的谐振频率。

电容三点式振荡器的特点是共振荡频率较高,一般可达到 100 MHz 以上,由于 C_2 对高次谐波阻抗小,使反馈电压中的高次谐波成分较小,因而振荡波形较好。另外,当振荡频率较高时,C_1、C_2 的值很小,三极管的级间电容就会对频率产生影响。

1.5.3　晶体振荡器

晶体振荡器是振荡频率受石英晶体控制的振荡器,具有物理性能和化学性能稳定、正压电效应、逆压电效应等特点。

系统采用的石英晶体与门电路构成了多谐振荡器(如图 1-3 所示),多谐振荡器是一种自激振荡电路,该电路接通电源后无须外触发信号就能产生一定频率和幅值的矩形脉冲和方波。由于多谐振荡器在工作过程中不存在稳定状态,故又被称为无稳态电路。与非门作为一个开关倒向器件,可用于构成各种脉冲波形的产生电路。电路的基本工作原理是利用电容的充放电,当输入电压达到与非门的阈值电压 V_T 时,门的输出状态发生变化。因此,电路输出的脉冲波形参数直接取决于电路中阻容元件的数值。

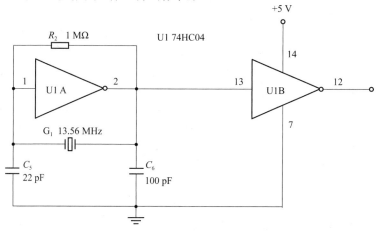

图 1-3　13.56 MHz 载波信号产生模块

电路中选用了 13.56 MHz 无源晶振,门电路采用 74HC04 六反相器,也可采用 74H00 四二输入与非门。74HC04 的电源电压为 5 V,74HC04 的芯片引脚图如图 1-4 所示。

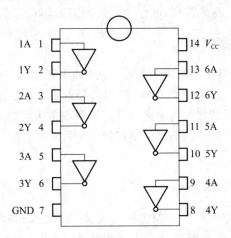

图 1-4　74HC04 芯片引脚图

不带负载时振荡电路输出的电压峰峰值可达 4~10 V,在不添加任何中间电路的情况下很容易驱动末级功放。如果电路没有振荡,可以在 C_5 上并联一个可调电容,调节可调电容使其振荡,用示波器可以看到稳定的方波信号。虽然不是标准的正弦波波形,但经过末级功放的选频网络可将波形还原成正弦波。

1.6　高频功率放大器

RFID 系统采用由高频晶体管 C2655 组成的丙类功率放大器,电路结构如图 1-5 所示。

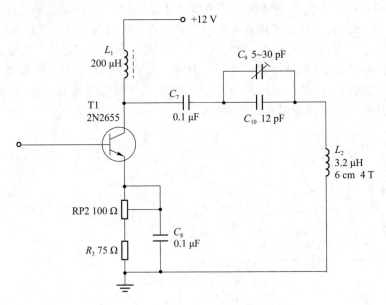

图 1-5　高频功率放大电路

非线性丙类功率放大器的电流导通角 $\theta < 90°$,效率可达到 80%,通常作为发射机末级功

放以获得较大的输出功率和较高的效率。非线性丙类功率放大器通常用来放大窄带高频信号（信号的通带宽度只有其中心频率的 1% 或更小），为了不失真地放大信号，它的负载必须是 LC 谐振回路。

1.7　信号耦合与应答器供电

1.7.1　信号耦合

信号耦合电路由应答器天线 L 和天线之间耦合构成。耦合电路可以是串联谐振电路（如图 1-6(a)所示）或并联谐振电路（如图 1-6(b)所示）。串联谐振电路的结构是在天线的两端并联一个电容 C；而并联谐振电路的结构则是在天线的中点和两端分别串联电容 C。两种谐振电路的作用是通过调节电容值，使电路在特定频率下产生谐振，从而增强信号的传输和接收性能。

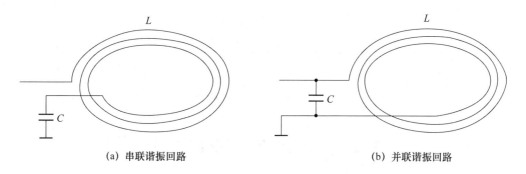

(a) 串联谐振回路　　　　　　　　　　　　(b) 并联谐振回路

图 1-6　LC 串联谐振回路与 LC 并联谐振回路

1.7.2　应答器供电

电感耦合方式 RFID 系统的应答器基本是无源的，能量（电源）从阅读器获得。当应答器天线线圈 L_4 靠近阅读器天线线圈 L_2 时，在 L_4 上产生感应电压，将这个感应电压整流后，即可产生应答器芯片所需要的直流电压。RFID 系统的应答器供电电路如图 1-7 所示。

整流电路为标准的桥式整流电路，由四个二极管构成，为了减小功率损耗，最好选择导通压降为 0.3 V 的锗二极管。此处 C_{19} 有两个作用，一是滤除整流后电流中可能含有的高频成分，二是有一定的稳压作用。整流得到的直流电压通过 78L05 产生 3.5～5 V 的稳定直流电源为应答器芯片供电。C_{20}、C_{21}、C_{22} 的作用是进一步滤除高频成分和稳压。选择 78L05 作为电压调整和稳压元件，也是为了减小功率损耗，得到较高的稳定直流电压，保证应答器芯片能够正常工作。

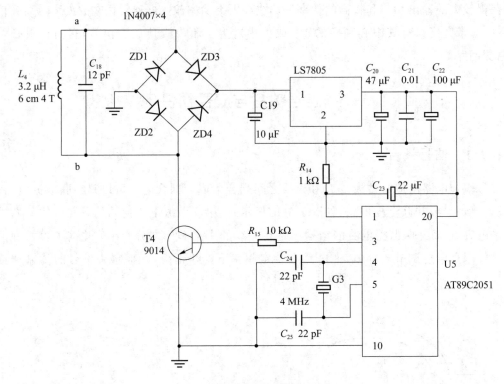

图 1-7　应答器整体电路图

1.8　RFID 系统的调制与解调

1.8.1　RFID 系统的调制方式

RFID 系统通常采用数字调制方式传送信息,用数字调制信号(包括数字基带信号和已调脉冲)对高频载波进行调制。数字基带信号包括曼彻斯特码、密勒码、修正密勒码信号等,已调脉冲包括 NRZ 码的 FSK、PSK 调制波和副载波调制信号,这些信号包含了要传送的信息。

数字调制方式有幅移键控(ASK)、频移键控(FSK)和相移键控(PSK)。RFID 系统中采用较多的是 ASK 调制方式。

1.8.2　ASK 调制信号的解调

1. 包络检波

大信号的检波过程,主要是利用二极管的单向导电特性和检波负载 RC 的充放电过程。利用电容两端电压不能突变只能充放电的特性来达到平滑脉冲电压的目的,实验电路如图 1-8 所示,在高频信号正半周 D1 导通时,检波电流分三个流向:一是流向负载 $R_7(4.7\ \text{k}\Omega)$,产生的直流电压是二极管的反相偏压,对二极管相当于负反馈电压,可以改变检波特性的非线性;二是流向负载电容 $C_{14}(10^3\ \mu\text{F})$充电;三是流向负载 $R_8(10\ \text{k}\Omega)$作为输出信号。如忽略 D1 的压降则在电容上的电压等于 D1 输入端电压 U_2,当 U_2 达到最大的峰值后开始下降,此时电容 C_{14} 上的电压 U_C 也将由于放电而逐渐下降,当 $U_2 < U_C$ 时,二极管被反偏而截止,于是 U_C

向负载供电且电压继续下降,直到下一个正半周 $U_2 > U_C$ 时二极管再导通,再次循环下去。

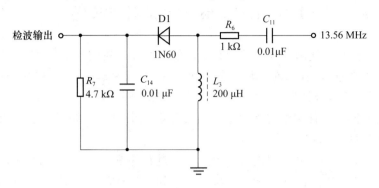

图 1-8 包络检波电路

因为包络检波电路会改变耦合线圈 L_2 的 Q 值,使谐振回路谐振状态发生变化,为了减小检波电路对谐振状态的影响,采用松耦合方式,即在耦合线圈和检波电路之间串联一个小电容 C_{11} 和一个电阻 R_6,使检波电路的阻抗远大于谐振线圈 L_2 的阻抗,从而使检波电路对谐振状态的影响减小。

检波电路是连续波串联式二极管大信号包络检波器。图中 R_7 为负载电阻,其阻值较大;C_{14} 为负载电容,当调制频率为高频时,其阻抗远小于 R_7 的阻值,可视为短路,而在调制频率比较低时,其阻抗远大于 R_6,可视为开路。线圈 L_3 有存储电能的作用,能有效提高检波电路的输出信号电压。

2. 比较电路

经过包络检波以及放大后的信号存在少量的杂波干扰,而且电压太小,如果直接将检波后的信号送给单片机 2051 进行解码,单片机会因为无法识别而不能解码或解码错误。比较器主要是用来对输入波形进行整形,可以将正弦波或任意不规则的输入波形整形为方波输出。比较电路由 LM358 组成,如图 1-9 所示。

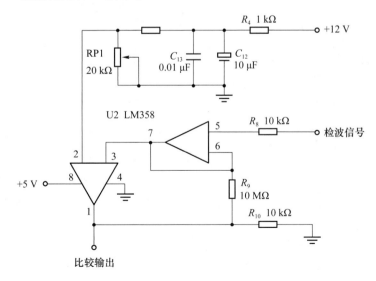

图 1-9 比较电路

1.9 RFID 系统的编码与解码

在 RFID 系统中,为使阅读器在读取数据时能很好地解决同步的问题,往往不直接使用数据的 NRZ 码对射频进行调制,而是将数据的 NRZ 码进行编码变换后再对射频进行调制。所采用的变换编码主要有曼彻斯特码、密勒码和修正密勒码等。RFID 系统的编码与解码可以采用编码器、解码器或软件编程方法完成。本实验系统采用软件编程方法实现应答器端的编码和阅读器端的解码。

RFID 实验系统的编码由应答器单片机 U5 通过软件编码方式完成,解码由阅读器单片机 U4 通过软件解码方式完成。U4 和 U5 均采用美国 ATMEL 公司生产的低电压、高性能的 CMOS 8 位单片机 AT89C2051 芯片,片内含 2 KB 的可反复擦写的只读程序存储器 (PERROM)和 128 B 的随机存取数据存储器(RAM),器件采用 ATMEL 公司的高密度,非易失性存储技术生产,兼容 MCS-51 指令系统,片内置通用的 8 位中央处理器和 Flash 存储单元。

该系统软件设计的基本原理是:通过单片机控制应答器,发送数字基带信号,信号经过 ASK 调制后,由天线发射出去。阅读器经天线耦合收到调制信号后,进行 ASK 解调,解调后的信号通过串行口发送到单片机。单片机验证信号后,经过解码芯片对信号进行解码放大处理,最后由单片机控制显示模块 LED 管显示出来。

第2章 Visual Studio 的安装与使用

2.1 Visual Studio 的安装

2.1.1 Visual Studio 简介

C#语言是微软公司设计的一种面向对象的编程语言,是从 C 语言和 C++语言派生来的一种简单、现代、面向对象和类型安全的编程语言。C#语言应用领域广泛,如交互式系统、桌面应用系统、多媒体系统、操作系统及 Web 等应用的开发,可在嵌入式、电话、手机和其他大量设备上运行,我们在本书的实验教学中应用 C#语言进行实验。

使用 C#语言编程时需要用到 Visual Studio(简称 VS)开发工具,从建模到编写代码,再到测试都可在 Visual Studio 中完成,并且还可以完成设计数据库和表结构等任务。

Visual Studio 是微软公司开发的综合性产品,包含大量有助于提高编程效率的新功能和专用于跨平台开发的新工具,是功能完备的集成开发环境(IDE),可用于编码、调试、测试和部署到任何平台。Visual Studio 是一个基本完整的开发工具集,它包括了整个软件生命周期中所需要的大部分工具,如 UML 工具、代码管控工具、集成开发环境(IDE)等。

Visual Studio 可兼容各种语言,可采用 C#、F#、Visual Basic、C/C++、JavaScript、Python、HTML 等语言进行编码,所写的目标代码适用于微软支持的所有平台,包括 Microsoft Windows、Windows Mobile、Windows CE、.NET Framework、.NET Compact Framework 和 Microsoft Silverlight,Visual Studio 是最流行的 Windows 平台应用程序的集成开发环境。

Visual Studio 适用于 Windows 和 Mac。Visual Studio for Mac 的许多功能与 Visual Studio for Windows 相同,并针对开发跨平台应用和移动应用进行了优化,本章重点介绍 Visual Studio 的 Windows 版本。

为适应不同的应用场合,Visual Studio 有三个版本:社区版、专业版和企业版。对于小型团队以及初学者来说,只需安装免费的社区版即可,该版本功能齐全,且具备其他收费版本的核心功能。本书实验课程基于 Visual Studio 2010 及以上版本开发工具,以下简要介绍最新版本 Visual Studio 2022 的安装和使用方法。

2.1.2 Visual Studio 2022 的安装

Visual Studio 2022 安装步骤如下。

(1) 登录 Visual Studio 官方网站 https://visualstudio.microsoft.com/,选择 Visual

Studio Windows 版本中的 Community 2022 下载免费社区版,如图 2-1 所示。

图 2-1　Visual Studio 2022 下载

（2）下载完成之后,双击文件【VisualStudioSetup】运行安装,如图 2-2 所示。

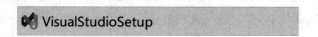

图 2-2　Visual Studio 2022 安装(1)

（3）单击【继续(O)】安装程序,如图 2-3 所示。

图 2-3　Visual Studio 2022 安装（2）

（4）在【工作负荷】中选择【. NET 桌面开发】和【通用 Windows 平台开发】即可，如图 2-4
所示。

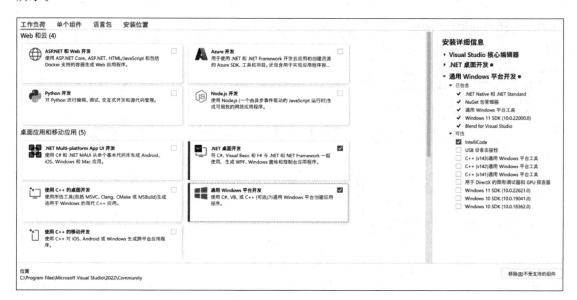

图 2-4　工作负荷设置

（5）可在【安装位置】中更改安装位置，然后单击右下角的【安装】，如图 2-5 所示。

（6）开始下载安装（安装时间较长，请保持计算机网络通畅，电量充足），如图 2-6 所示。

（7）安装完成，单击【启动（L）】，如图 2-7 所示。

（8）单击【登录】或【暂时跳过此项。】，如图 2-8 所示。

（9）登录成功，选择颜色主题，然后单击【启动 Visual Studio】，如图 2-9 所示。

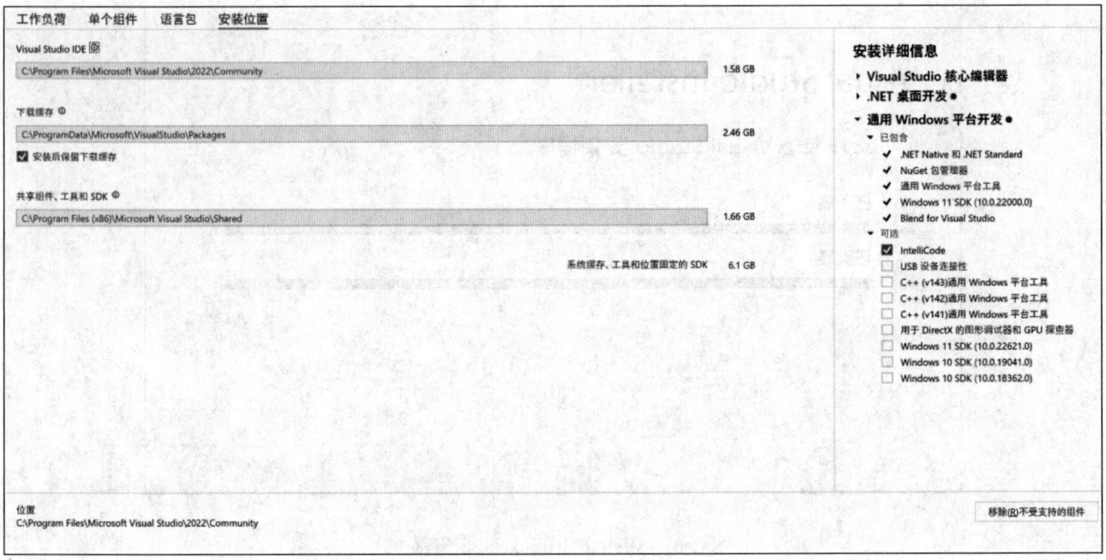

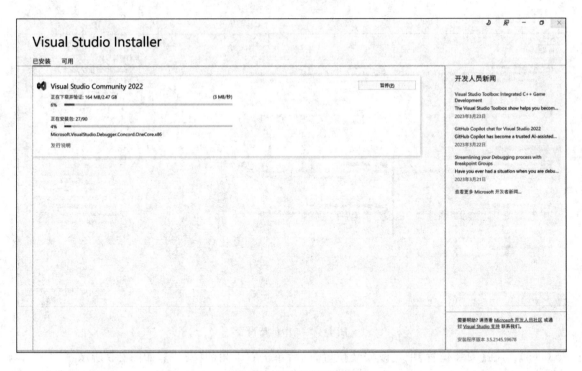

图 2-5　安装位置设置

图 2-6　下载安装界面

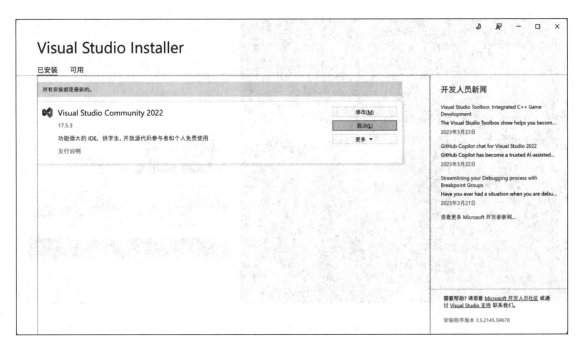

图 2-7　安装完成界面

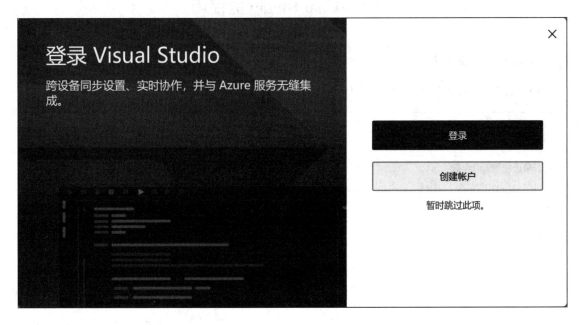

图 2-8　登录界面

图 2-9 启动 Visual Studio

2.2 Visual Studio 的使用

2.2.1 创建项目

(1) 打开 Visual Studio,单击【创建新项目(N)】,如图 2-10 所示。

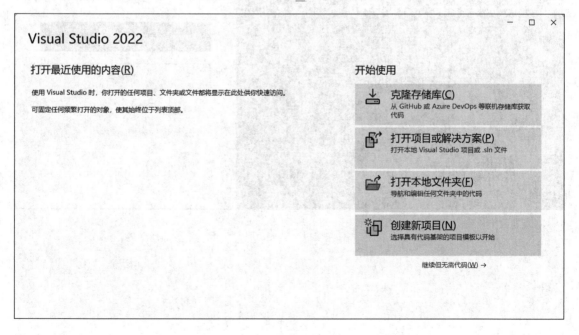

图 2-10 创建新项目

（2）可在【创建新项目】对话框中，选择【C♯】语言作为编程语言，并选择创建的【项目类型】，如【控制台应用（.NET Framework）】或【Windows 桌面应用程序】，单击【下一步（N）】，如图 2-11 所示。

图 2-11 语言、平台、项目类型设置

（3）在【配置新项目】对话框中，用户可对所要创建的应用进行命名、选择存放位置、是否创建解决方案目录等设定。在【项目名称（J）】命名时可以使用用户自定义的名称，也可以使用默认名 ConsoleApp1，需要注意的是，解决方案名称与项目名称一定要统一（解决方案文件夹中可有多个项目文件夹）；用户单击【位置（L）】后方【...】可设置项目存放位置；通过【框架（F）】选择要使用的.NET 框架，最后单击【创建】完成应用程序的创建，如图 2-12 所示。

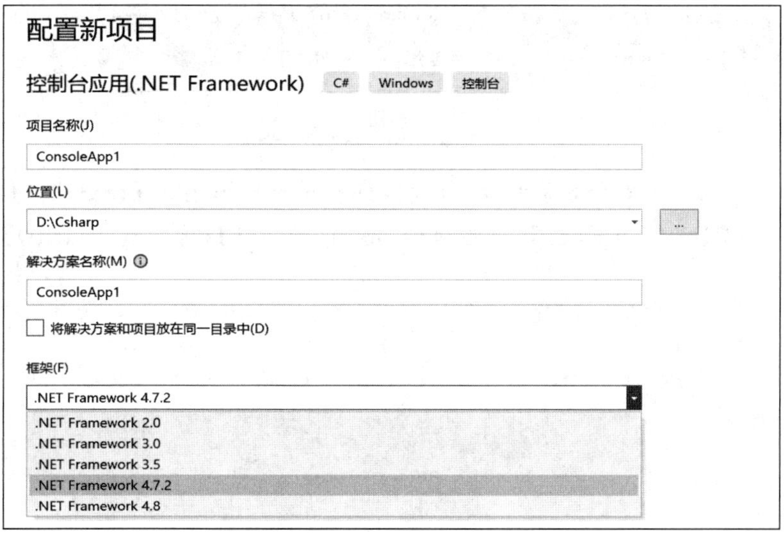

图 2-12 创建选项设置

(4) 创建一个新项目,可以开始编写代码并构建应用程序,如图 2-13 所示。

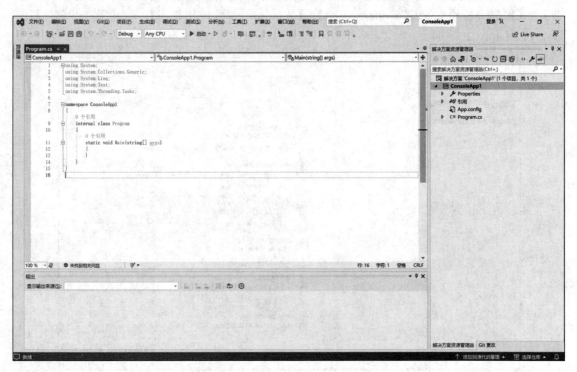

图 2-13　代码编写窗口

2.2.2　菜单栏

菜单栏显示了所有可用的 Visual Studio 2022 命令,除了【文件(F)】【编辑(E)】【视图(V)】【窗口(W)】和【帮助(H)】等菜单之外,还提供了编程专用的功能菜单,如【项目(P)】【生成(B)】【调试(D)】【测试(S)】和【工具(T)】等,如图 2-14 所示。

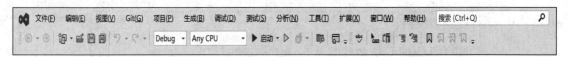

图 2-14　Visual Studio 2022 菜单栏

每个菜单项中都包含多个菜单命令,分别执行不同的操作,例如【调试(D)】菜单包括调试程序的各种命令,有【开始调试(S)】【开始执行(不调试)(H)】和【新建断点(B)】等,如图 2-15 所示。

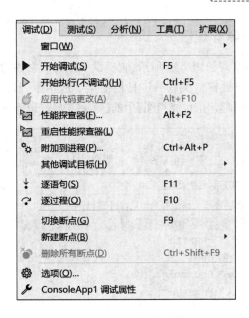

图 2-15 【调试】菜单栏

2.2.3 工具栏

为了方便操作,菜单项中常用的命令按功能分组分别放入相应的工具栏中,通过工具栏可以快速地访问常用的菜单命令。

(1) 标准工具栏包括大多数常用的命令按钮,如【新建项目】【打开文件】【保存】【全部保存】等。标准工具栏如图 2-16 所示。

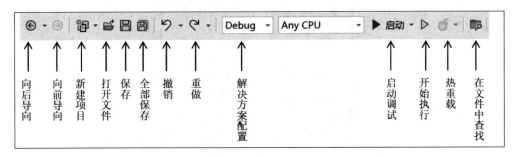

图 2-16 标准工具栏

(2) 调试工具栏包括对应用程序进行调试的快捷按钮,如图 2-17 所示。

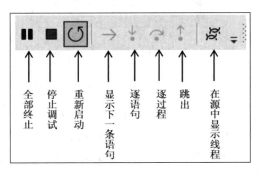

图 2-17 调试工具栏

2.2.4　解决方案资源管理器

【解决方案资源管理器】窗口如图 2-18 所示，它提供了项目及文件的视图，并且提供了对项目和文件相关命令的便捷访问。与此窗口关联的工具栏提供了适用于列表中突出显示项的常用命令。若要访问【解决方案资源管理器】，可单击【视图】中的【解决方案资源管理器(P)】，如图 2-19 所示。

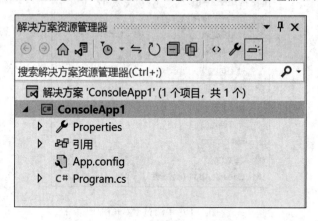

图 2-18　【解决方案资源管理器】窗口

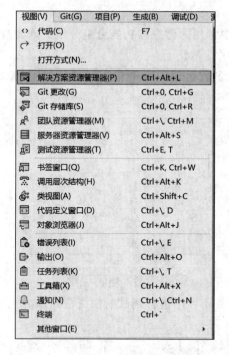

图 2-19　访问【解决方案资源管理器(P)】

2.2.5　属性窗口

【属性窗口】是 Visual Studio 2022 中重要的窗口，该窗口为 C#语言程序开发提供了简单的属性修改方式。Window 窗体中各控件属性都可以由【属性窗口】设置完成，【属性窗口】不仅提供了属性的设置及修改功能，还提供了事件的管理功能。【属性窗口】可以管理控件的事件，方便编程时对事件的处理。

另外,【属性窗口】采用了两种方式管理属性和方法,分别为按分类方式和按字母顺序方式,可根据自己习惯选择不同的方式。该窗口的下方还有简单的帮助,方便对控件的属性进行操作和修改,如图 2-20 所示。

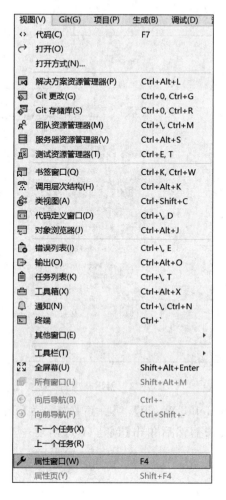

图 2-20　打开【属性窗口】

2.2.6　错误列表

【错误列表】窗口为代码中的错误提供了及时的提示和可能的解决办法。例如,当代码结束没有输入分号时,错误列表会显示如图 2-21 所示的错误。错误列表就是错误提示器,它可以及时显示程序中的错误代码,并通过提示信息找到相应的错误代码。

图 2-21　【错误列表】窗口

2.2.7 编写第一个 C#程序

（1）打开 Visual Studio，单击【创建新项目】，选择【控制台应用（.NET Framework）】，然后单击【下一步(N)】，如图 2-22 所示。

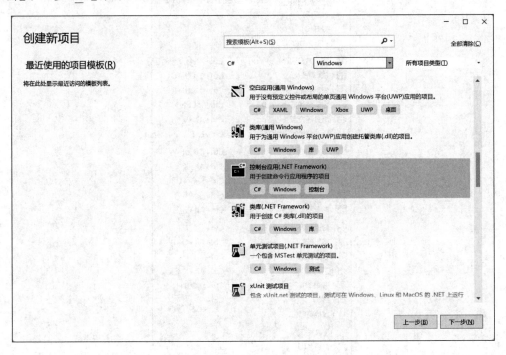

图 2-22 创建新项目

（2）将项目名称命名为【Hello_World】，项目存放路径为【D：\Csharp\】，在【框架(F)】中选择【.NET Framework 4.7.2】，然后单击【创建(C)】创建一个控制台应用程序，如图 2-23 所示。

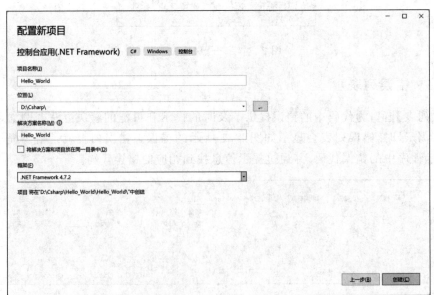

图 2-23 创建选项设置

（3）在 Main( )中，使用 WriteLine( )方法输出【Hello World!】字符串，代码如图 2-24 所示。

图 2-24 编写代码

（4）程序运行结果如图 2-25 所示。

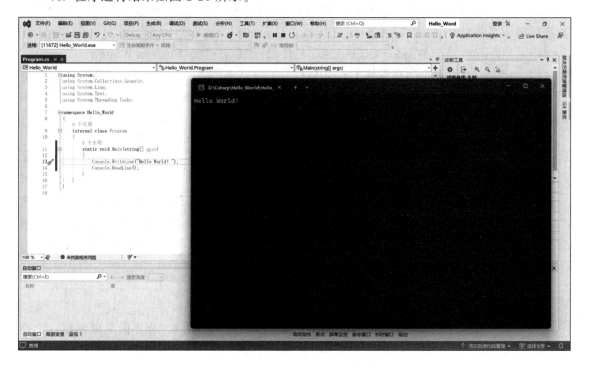

图 2-25 运行结果

第3章 C#开发基础实训

3.1 C#按钮类控件练习

3.1.1 实验目的

锻炼 C#开发基础能力以及熟练使用 C#控件,并对 Button、CheckBox、ContextMenuStrip 三个控件进行开发练习。

3.1.2 实验设备

Visual Studio 2022 版本开发工具。

3.1.3 实验原理

Button 类:表示 Windows 按钮控件,所属命名空间:System. Windows. Forms。

关闭串口 Button 控件:Windows 窗体 Button 控件允许用户通过单击来执行操作。Button 控件既可以显示文本,又可以显示图像。当该按钮被单击时,按钮会表现出被按下然后释放的效果。

CheckBox 类:表示 Windows CheckBox 控件,所属命名空间:System. Windows. Forms。

CheckBox 控件:复选框也叫作 CheckBox,是一种基础控件。.NET 的工具箱里包含这个控件,它可以通过其属性和方法完成复选的操作。为了满足更多复杂的需求,也有第三方提供的复选框控件,只需要将其 dll 添加到工具箱里,就可以使用更多功能的复选框控件。

ContextMenuStrip 类:表示快捷菜单。所属命名空间:System. Windows. Forms。

ContextMenuStrip 控件:要显示弹窗菜单,或在用户右击鼠标时显示一个菜单,就应使用 ContextMenuStrip 类。与 MenuStrip 一样,ContextMenuStrip 也是 ToolStripMenuItems 对象的容器,但它派生自 ToolStripDropDownMenu。ContextMenuStrip 的创建与 MenuStrip 相同,也是添加 ToolStripMenuItems,定义每一项的 Click 事件,执行某个任务。弹出菜单应赋予特定的控件,为此要设置控件的 ContextMenuStrip 属性。在用户右击该控件时,就显示该菜单。

3.1.4 程序界面设计

1. Button 控件开发实战

(1) Button 控件开发—创建项目。按照 2.2.7 节编写第一个 C#程序的步骤创建一个控制台应用程序。

(2) 界面设计。打开视图—工具箱—Button 按钮,双击或者拖拽都可以添加控件到窗体中,如图 3-1 所示。

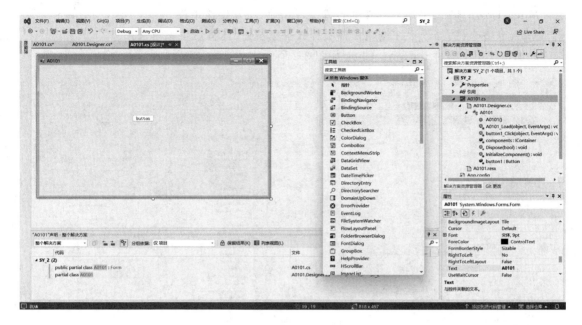

图 3-1 Button 控件窗体界面

（3）控件属性。

Name：设置控件的名称。

BackColor：设置控件的背景颜色，使用 Web 栏下的 Transparent（透明）可将控件设置为透明状。

BackgroundImage：设置控件的背景图片。

BackgroundImageLayout：设置控件背景图片的布局，一般选择 Stretch。

FlatStyle：设置控件外观。

FlatAppearance：此属性设置只在 FlatStyle 为 Flat 时有效。

BorderColor：设置按钮周围的边框颜色。

BorderSize：设置按钮周围的边框大小。

MouseDownBackColor：设置按钮被按下时工作区的颜色。

MouseOverBackColor：设置当鼠标指针位于控件边界内时按钮工作区的颜色。

Font：设置字体样式和大小。

ForeColor：设置字体颜色。

Image：在控件上显示图像。

Text：设置控件中显示的文本。

Button 控件功能设置见表 3-1。

表 3-1 Button 控件功能设置

控件名称	Text 属性	Name 属性	功能
Form 窗体	A0101	FrmMain	承载和管理用户界面控件
Button 控件	Button 控件	button1	右击按钮后弹出控件名称

（4）常用事件。

Click 事件：当用户左击按钮控件时，将发生该事件。

MouseDown 事件：当用户在按钮控件上左击时，将发生该事件。

MouseUp 事件：当用户在按钮控件上释放鼠标按钮时，将发生该事件。

添加按钮单击事件 button1_Click 如图 3-2 所示。

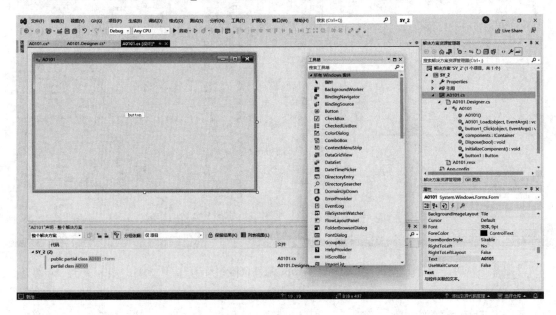

图 3-2　Button 控件事件发生

（5）核心代码编写。按钮单击事件代码如下所示，最终显示结果如图 3-3 所示。

```
private void button1_Click(object sender, EventArgs e)
{
MessageBox.Show("控件的名称是：" + button1.Name);
}
```

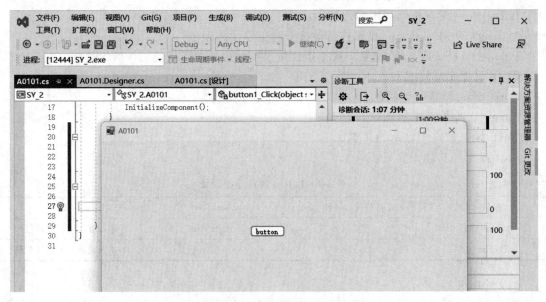

图 3-3　Button 控件显示

2. CheckBox 控件开发实战

（1）CheckBox 控件开发—创建项目。按照 2.2.7 节编写第一个 C# 程序的步骤创建一个控制台应用程序。

（2）界面设计。打开视图—工具箱—CheckBox 按钮，双击或者拖拽都可以添加控件到窗体中，如图 3-4 所示。

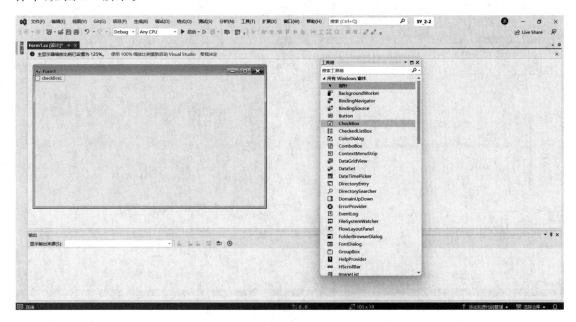

图 3-4　CheckBox 控件窗体界面

（3）控件属性。

TextAlign 属性：设置控件中文字的对齐方式。

ThreeState 属性：用来返回或设置复选框能否表示三种状态，当属性值为 true 时，能表示三种状态——选中、没选中和中间态（CheckState. Checked、CheckState. Unchecked 和 CheckState. Indeterminate）；当属性值为 false 时，只能表示两种状态——选中和没选中。

Checked 属性：设置或返回复选框是否被选中，当属性值为 true 时，表示复选框被选中；当属性值为 false 时，表示复选框没被选中。当 ThreeState 属性值为 true 时，中间态也表示选中。

CheckState 属性：设置或返回复选框的状态。当属性值为 false 时，取值有 CheckState. Checked 或 CheckState. Unchecked。当属性值被设置为 true 时，CheckState 还可以取值 CheckState. Indeterminate，此时复选框显示为浅灰色选中状态，该状态通常表示该选项下的多个子选项未完全选中。

CheckBox 控件功能设置见表 3-2。

表 3-2　CheckBox 控件功能设置

控件名称	Text 属性	Name 属性	功能
Form 窗体	A0102	FrmMain	承载和管理用户界面控件
CheckBox 控件	CheckBox 控件	checkBox1	获取勾选的 CheckBox 控件 Text 值，并在勾选或取消勾选时弹出提示

（4）常用事件。

CheckStateChanged 事件：每当更改 CheckState 属性时发生。

Click 事件：单击组件时发生。

添加状态更改事件 checkBox1_CheckStateChanged 如图 3-5 所示。

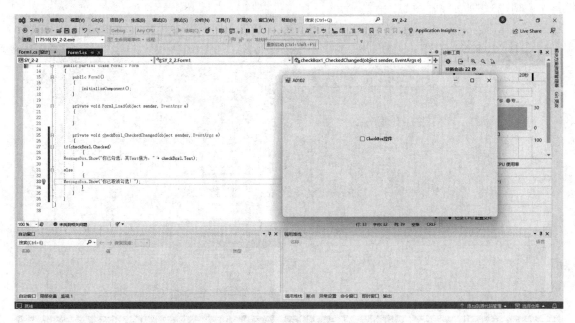

图 3-5　CheckBox 控件事件发生

（5）核心代码编写。控件状态事件代码如下所示，最终显示结果如图 3-6 所示。

```
private void checkBox1_CheckedChanged(object sender,EventArgs e)
    {
if(checkBox1.Checked)
    {
MessageBox.Show("你已勾选,其 Text 值为:" + checkBox1.Text);
    }
else
    {
MessageBox.Show("你已取消勾选!");
    }
    }
}
```

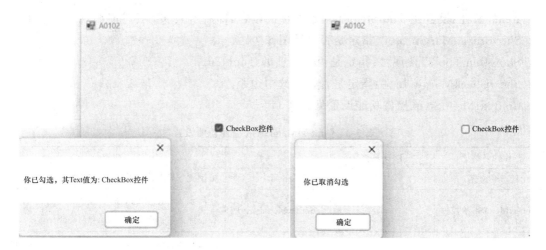

图 3-6　CheckBox 控件显示

3. ContextMenuStrip 控件开发实战

（1）ContextMenuStrip 控件开发—创建项目。按照 2.2.7 节编写第一个 C# 程序的步骤创建一个控制台应用程序。

（2）界面设计。打开视图—工具箱—ContextMenuStrip 按钮，双击或者拖拽都可以添加控件到窗体中，如图 3-7 所示。

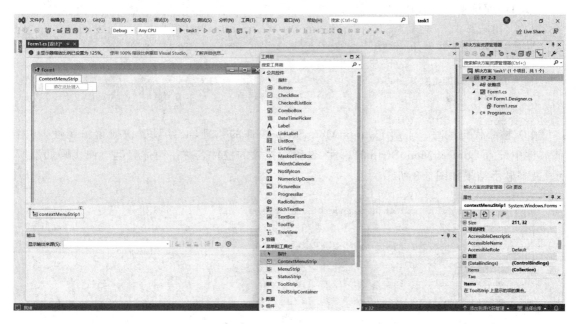

图 3-7　ContextMenuStrip 控件窗体界面

（3）控件属性。

Name 属性：设置控件的名称。

BackColor 属性：设置控件的背景颜色。

BackgroundImage 属性：设置控件的背景图片。

BackgroundImageLayout 属性：设置控件的背景图片布局。

Enabled 属性：指示是否启用该控件，True 为启用，False 为不启用。

Items 属性：设置在 ToolStrip 上显示的项的集合，即右击关联的控件时出现的快捷菜单。

ShowImageMargin 属性：指定是否显示图像边距。

ShowItemToolTips 属性：指定是否显示项的 ToolTip。

ShowCheckMargin 属性：指定是否显示选中边距。

ContextMenuStrip 控件功能设置见表 3-3。

表 3-3　ContextMenuStrip 控件功能设置

控件名称	Text 属性	Name 属性	功能
Form 窗体	A0103	FrmMain	提供交互界面，显示上下文菜单
ContextMenuStrip 控件		contextMenuStrip1	展示 ContextMenuStrip 控件的 Items 集合，在控件上右击能弹出 ContextMenuStrip

（4）常用事件。

Opened 事件：当 DropDown 已打开时发生，即右击弹出 Items 集合后发生。

Opening 事件：当 DropDown 正在打开时发生，即正在右击弹出 Items 集合时发生。

ItmeClicked 事件：当单击项时发生，即单击 Itmens 集合中的项时发生。

Load 事件：窗体启动时发生，即"FrmMain_Load"。

单击事件：单击选项时发生，即"toolStripMenuItem1_Click"。

添加选项单击事件代码如下所示。

```
        private void toolStrip MenuItem1_Click(object sender, EventArgs e)
        {
MessageBox.Show("大家好");
        }
```

（5）核心代码编写。了解 ContextMenuStrip 控件的原理，必须设置快捷菜单属性，在窗体属性中设置 ContextMenuStrip 的属性，设置为拖入的控件名称。窗体启动事件代码如下所示，最终显示结果如图 3-8 所示。

```
Private void FrmMain_Load(object sender, EventArgs e)
{
    Context MenuStrip1.Items.Add("复制");
    Context MenuStrip1.Items.Add("粘贴");
    Context MenuStrip1.Items.Add("撤销");
    Context MenuStrip1.Items.Add("添加");
}
```

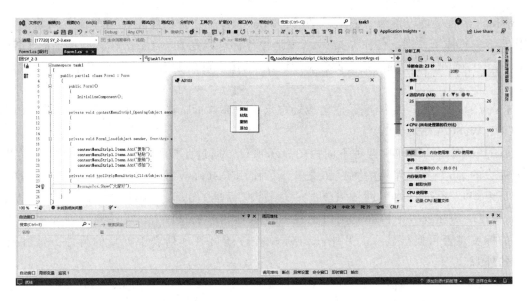

图 3-8 ContextMenuStrip 控件显示

3.2 C#空间类控件练习

3.2.1 实验目的

锻炼 C#开发基础能力以及熟练使用 C#控件,并对 DateTimePicker、FlowLayoutPanel、ListView、MenuStrip、NumericUpDown 五个控件进行开发练习。

3.2.2 实验设备

Visual Studio 2022 版本开发工具。

3.2.3 实验原理

DateTimePicker 类:表示一个 Windows 控件,该控件用于让用户选择日期和时间,并以指定的格式显示此日期和时间,所属命名空间:System. Windows. Forms。

DateTimePicker 控件:用于让用户可以从日期列表中选择单个值。运行时,单击控件边的下拉箭头,会显示为两个部分:一部分是下拉列表,另一部分用于选择日期。

FlowLayoutPanel 类:表示一个面板,它可以动态水平或垂直布局其内容,所属命名空间:System. Windows. Forms。

FlowLayoutPanel 控件:在水平或垂直流方向排列其内容,可以将该控件的内容从一行换至下一行,或者从一列换至下一列;还可以选择剪裁内容而不是换行。用户可以通过设置 FlowDirection 属性的值来指定流方向,FlowLayoutPanel 控件在从右向左(RTL)的布局中正确地反转它的流方向。用户还可以通过设置 WrapContents 属性的值来指定是换行还是剪裁 FlowLayoutPanel 控件的内容,将 AutoSize 属性设置为 true 时,FlowLayoutPanel 控件自动调整大小以容纳其内容。FlowLayoutPanel 控件还向其子控件提供了 FlowBreak 属性,将

FlowBreak 属性的值设置为 true 时会使 FlowLayoutPanel 控件停止在当前流方向布局控件并换至下一行或下一列。任何 Windows 窗体控件都可以是 FlowLayoutPanel 控件的子控件，包括 FlowLayoutPanel 的其他实例。利用此功能，用户可以在运行时构造适合窗体尺寸的复杂布局。

ListView 类：表示一个面板，它可以动态水平或垂直布局其内容，所属命名空间：System. Web. UI. WebControls。

ListView 控件：可使用四种不同视图显示项目。通过此控件，可将项目组成带有或不带有列标头的列，并显示伴随的图标和文本。可使用 ListView 控件将称作 ListItem 对象的列表条目组织成下列四种不同的视图之一：①大（标准）图标；②小图标；③列表；④报表。View 属性决定在列表中控件使用何种视图显示项目。LabelWrap 属性控制列表中与项目关联的标签是否可换行显示。另外，ListView 控件还可管理列表中项目的排序方法和选定项目的外观。

MenuStrip 类：为窗体提供菜单系统，所属命名空间：System. Windows. Forms。

MenuStrip 控件：在建立菜单系统时，要给 MenuStrip 添加 ToolStripMenu 对象。这可以在代码中完成，也可以在 Visual Studio 的设计器中进行。把 MenuStrip 控件拖放到设计器的一个窗体中，MenuStrip 就允许直接在菜单项上输入菜单文本。MenuStrip 控件只有两个额外的属性。GripStyle 使用 ToolStripGripStyle 枚举把栅格设置为可见或隐藏。MdiWindowListItem 属性提取或返回 ToolStripMenuItem。这个 ToolStripMenuItem 是在 MDI 应用程序中显示所有已打开窗口的菜单。

NumericUpDown 类：表示显示数值的 Windows 数字显示框（也称作 Up-Down 控件），所属命名空间：System. Windows. Forms。

NumericUpDown 控件：Windows 窗体 NumericUpDown 控件看起来像是一个文本框与一对箭头的组合，用户可以单击箭头来调整值。该控件显示并设置选择列表中的单个数值。用户可以通过单击向上和向下按钮、向上键和向下键或键入一个数字来增大或减小数字。单击向上键时，值沿最大值方向移动；单击向下键时，值沿最小值方向移动。此类控件很有用的一个示例是音乐播放器上的音量控件。某些 Windows 控制面板应用程序中使用了数值 Up-Down 控件。

3.2.4 程序界面设计

1. DateTimePicker 控件开发实战

(1) DateTimePicker 控件开发—创建项目。按照 2.2.7 节编写第一个 C#程序的步骤创建一个控制台应用程序。

(2) 界面设计。打开视图—工具箱—DateTimePicker 按钮，双击或者拖拽都可以添加控件到窗体中，如图 3-9 所示。

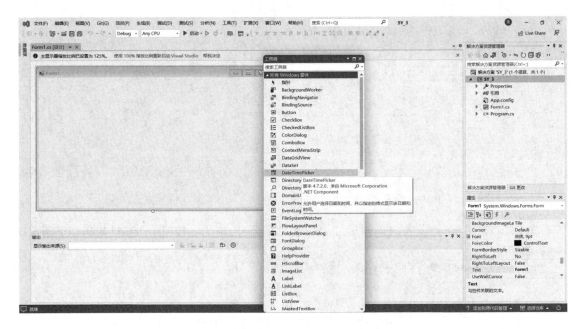

图 3-9 DateTimePicker 控件窗体界面

（3）控件属性。

Name：设置控件的名称。

BackColor：设置控件的背景颜色，使用系统栏下的 Highlight。

BackgroundImage：设置控件的背景图片。

BackgroundImageLayout：设置控件背景图片的布局，一般选择 Tile。

FlatStyle：设置控件外观。

Font：设置字体样式和大小。

ForeColor：设置字体颜色。

Image：在控件上显示图像。

Text：设置控件中显示的文本。

DateTimePicker 控件功能设置见表 3-4。

表 3-4 DateTimePicker 控件功能设置

控件名称	控件 Text 属性	控件 Name 属性	功能
Form1 窗体	A0104	FrmMain	—
DateTimePicker 控件	选择日期	DateTimePicker1	获取选择时间
Button 控件	格式一	button1	单击触发事件
Button 控件	格式二	button2	单击触发事件

（4）常用事件。

Click 事件：当用户左击按钮控件时，将发生该事件。添加格式一按钮单击事件 button1_Click，添加格式二按钮单击事件 button2_Click。

格式一如图 3-10 所示，格式二如图 3-11 所示。

图 3-10　格式一界面　　　　　　　　　图 3-11　格式二界面

（5）核心代码编写。了解 DateTimePicker 控件的原理,格式一按钮单击事件代码如下所示。

```
private void button1_Click_1(object sender,EventArgs e)
{
    //将 datetimepicker1 的格式属性设为自定义:
    this.dateTimePicker1.Format = DateTimePickerFormat.Custom;
    //自定义日期时间的显示格式一:
    this.dateTimePicker1.CustomFormat = "yyy-MM-dd HH:mm:ss";
    //获取系统的本地时间,通过自定义的格式一显示;
    this.dateTimePicker1.Value = DateTime.Now;
}
```

格式二按钮单击事件代码如下所示。

```
private void button2_Click_1(object sender,EventArgs e)
{
    //将 datetimepicker1 的格式属性设为自定义:
    this.dateTimePicker1.Format = DateTimePickerFormat.Custom;
    //自定义日期时间的显示格式二:
    this.dateTimePicker1.CustomFormat = "yyyy/MM/dd hh:mm:ss";
    //获取系统的本地时间,通过自定义的格式二显示:
    this.dateTimePicker1.Value = DateTime.Now;
}
```

2. FlowLayoutPanel 控件开发实战

（1）FlowLayoutPanel 控件开发—创建项目。按照 2.2.7 节编写第一个 C♯程序的步骤创建一个控制台应用程序。

（2）界面设计。打开视图—工具箱—FlowLayoutPanel 按钮,双击或者拖拽都可以添加控件到窗体中,如图 3-12 所示。

（3）控件属性。

Name:设置控件的名称。

BackColor:设置控件的背景颜色,使用系统栏下的 Highlight。

BackgroundImage:设置控件的背景图片。

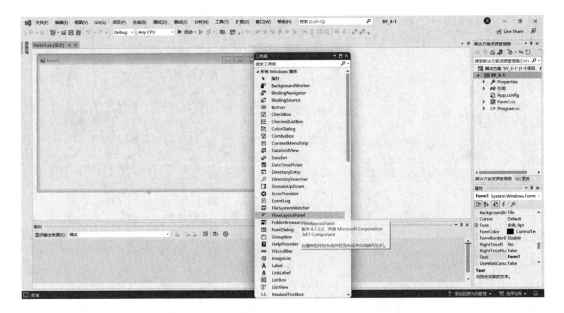

图 3-12　FlowLayoutPanel 控件窗体界面

BackgroundImageLayout：设置控件背景图片的布局，一般选择 Tile。

FlatStyle：设置控件外观。

Font：设置字体样式和大小。

ForeColor：设置字体颜色。

Image：在控件上显示图像。

Text：设置控件中显示的文本。

FlowLayoutPanel 控件功能设置见表 3-5。

表 3-5　FlowLayoutPanel 控件功能设置

控件名称	控件 Text 属性	控件 Name 属性	功能
Form1 窗体	A0105	FrmMain	主窗体
FlowLayoutPanel 控件	—	FlowLayoutPanel1	自动水平或者垂直排放子控件

（4）常用事件。Load 事件：每当用户加载窗体时发生，添加窗体加载事件 Form1_Load。

（5）核心代码编写。窗体加载事件代码如下，最终显示结果如图 3-13 所示。

```
private void Form1_Load(object sender, EventArgs e)
{
    for( int i = 0; i < 100;i + + )        //for 循环 100 次,flowLayoutPanel1 将显示出 100 个子控件
    {
        this.button1 = new System.Windows.Forms.Button();    //实例化对象
        this.button1.Size = new System.Drawing.Size(75, 35); //获取或设置子控件的尺寸大小
        this.button1.Text = i.ToString();                    //获取子控件的文本
        this.flowLayoutPanel1.Controls.Add(this.button1);//将子控件添加到 flowLayoutPanel1
                                                            中,并且显示
    }
}
```

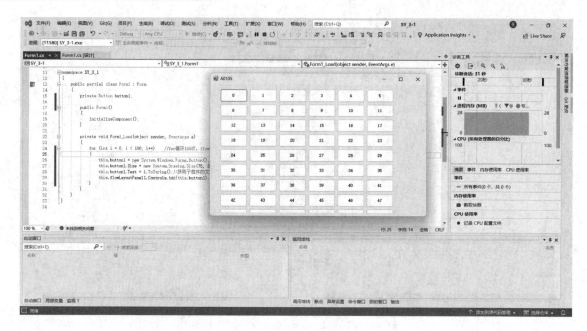

图 3-13　FlowLayoutPanel 控件显示

3．ListView 控件开发实战

（1）ListView 控件开发—创建项目。按照 2.2.7 节编写第一个 C♯程序的步骤创建一个控制台应用程序。

（2）界面设计。打开视图—工具箱—ListView 按钮，双击或者拖拽都可以添加控件到窗体中，如图 3-14 所示。

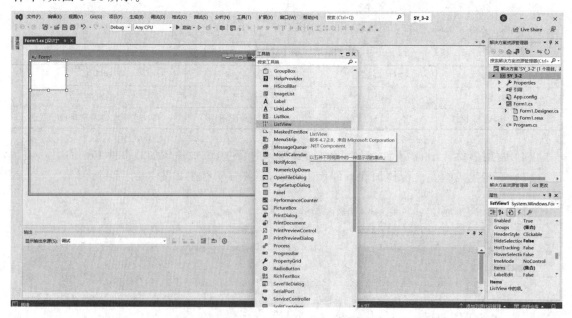

图 3-14　ListView 控件窗体界面

（3）控件属性。

FullRowSelect 属性：设置是否行选择模式（默认为 False）。提示：只有在 Details 视图该属性才有意义。

GridLines 属性:设置行和列之间是否显示网格线(默认为 False)。提示:只有在 Details 视图该属性才有意义。

AllowColumnReorder 属性:设置是否可拖动列标头来改变列的顺序(默认为 False)。提示:只有在 Details 视图该属性才有意义。

View 属性:获取或设置项在控件中的显示方式,包括 Details、LargeIcon、List、SmallIcon、Tile(默认为 LargeIcon)。

MultiSelect 属性:设置是否可以选择多个项(默认为 False)。

HeaderStyle 属性:获取或设置列标头样式。

Clickable:列标头的作用类似于按钮,单击时可以执行操作(如排序)。

NonClickable:列标头不响应鼠标单击。

None:不显示列标头。

LabelEdit 属性:设置用户是否可以编辑控件中项的标签,对于 Detail 视图,只能编辑行的第一列的内容(默认为 False)。

CheckBoxes 属性:设置控件中各项的旁边是否显示复选框(默认为 False)。

LargeImageList 属性:大图标集。提示:只在 LargeIcon 视图使用。

SmallImageList 属性:小图标集。提示:只在 SmallIcon 视图使用。

StateImageList 属性:图像蒙板。这些图像蒙板可用作 LargeImageList 和 SmallImageList 图像的覆盖图,这些图像可用于指示项的应用程序定义的状态。

SelectedItems 属性:获取在控件中选定的项。

CheckedItems 属性:获取控件中当前复选框选中的项。

Sorting 属性:对列表视图的项进行排序(默认为 None)。

Ascending:项按递增顺序排序。

Descending:项按递减顺序排序。

None:项未排序。

Scrollable 属性:设置当没有足够空间来显示所有项时是否显示滚动条(默认为 True)。

HoverSelection 属性:设置当鼠标指针悬停于项上时是否自动选择项(默认为 False)。

HotTracking 属性:设置当鼠标指针经过项文本时,其外观是否变为超链接的形式(默认为 False)。

HideSelection 属性:设置选定项在控件没焦点时是否仍突出显示(默认为 False)。

ShowGroups 属性:设置是否以分组方式显示项(默认为 False)。

Groups 属性:设置分组的对象集合。

TopItem 属性:获取或设置控件中的第一个可见项,可用于定位(效果类似于 EnsureVisible 方法)。

ListView 控件功能设置见表 3-6。

表 3-6　ListView 控件功能设置

控件名称	Text 属性	Name 属性	功能
Form 窗体	A0106	FrmMain	
TabControl 控件	—	tabControl1	提供 ListView 各个不同视图的展示空间
ImageList 控件	—	imageList1	为 ListView 提供图像集合

控件名称	Text 属性	Name 属性	功能
ListView 控件	Details	listView1	展示 ListView 的 Details 视图
	LargeIcon	listView2	展示 ListView 的 LargeIcon 视图
	SmallIcon	listView3	展示 ListView 的 SmallIcon 视图
	List	listView4	展示 ListView 的 List 视图
	Tile	listView5	展示 ListView 的 Title 视图
Label 控件	列 1	label1	显示列标题
	列 2	label2	显示列标题
	列 3	label3	显示列标题
TextBox 控件	数据列 1	txtbox_DColumn1	编辑第 1 列数据
	数据列 2	txtbox_DColumn2	编辑第 2 列数据
	数据列 3	txtbox_DColumn3	编辑第 3 列数据
Button 控件	添加	btn_DAdd	在 listView1 的 Detail 视图下添加 Items 集合中的一个项
	添加	btn_LAdd	在 listView2 的 LargeIcon 视图下添加 Items 集合中的一个项
	添加	btn_SAdd	在 listView3 的 SmallIcon 视图下添加 Items 集合中的一个项
	添加	btn_LiAdd	在 listView4 的 List 视图下添加 Items 集合中的一个项
	添加	btn_TAdd	在 listView5 的 Title 视图下添加 Items 集合中的一个项

（4）常用事件。

AfterLabelEdit 事件：当用户编辑完项的标签时发生，需要 LabelEdit 属性为 True。

BeforeLabelEdit 事件：当用户开始编辑项的标签时发生。

ColumnClick 事件：当用户在列表视图控件中单击列标头时发生。

BeginUpdate：避免在调用 EndUpdate 方法之前描述控件。当插入大量数据时，可以有效地避免控件闪烁，并能大大提高速度。

EndUpdate：在 BeginUpdate 方法挂起描述后，继续描述列表视图控件。

EnsureVisible：列表视图滚动定位到指定索引项的选项行（效果类似于 TopItem 属性）。

FindItemWithText：查找以给定文本值开头的第一个 ListViewItem。

FindNearestItem：按照指定的搜索方向，从给定点开始查找下一个项。提示：只有在 LargeIcon 或 SmallIcon 视图才能使用该方法。

添加窗体启动事件 FrmMain_Load；添加 Details 视图中的添加按钮事件 btn_DAdd_Click；添加 LargeIcon 视图中的添加按钮事件 btn_LAdd_Click；添加 SmallIcon 视图中的添加按钮事件 btn_SAdd_Click；添加 List 视图中的添加按钮事件 btn_LiAdd_Click；添加 Title 视图中的添加按钮事件 btn_TAdd_Click；添加列表激活事件 listView1_ItemActivate。

（5）核心代码编写。窗体加载事件代码如下，最终显示结果如图 3-15 所示。

定义变量如下。

```
Randomrd = newRandom();//用于生成随机数
int i = 0;
```

窗体启动事件 FrmMain_Load,具体代码如下。

```
        private void FrmMain_Load(object sender, EventArgs e)
        {
#region Details 视图中 ListView 的设置

this.listView1.BeginUpdate();  //数据更新,UI暂时挂起,直到EndUpdate绘制控件,可以有效避免
                               闪烁并大大提高加载速度
for (i = 0; i < 5; i++)       //添加5行数据
        {
ListViewItem lvi = newListViewItem();
lvi.ImageIndex = i;           //通过与ImageList绑定,显示ImageList中第i项图标
lvi.Text = "subitem" + (i+1);
lvi.SubItems.Add("第2列,第"+(i+1)+"行");
lvi.SubItems.Add("第3列,第"+(i+1)+"行");
this.listView1.Items.Add(lvi); //添加到listView1的Items集合中去
        }
this.listView1.EndUpdate();    //结束数据处理,UI界面一次性绘制。
#endregion
#regionLargeIcon 视图中 ListView 的设置
this.listView2.BeginUpdate();
for( i = 0; i < 5; i++)
        {
ListViewItem lvi = newListViewItem();
lvi.ImageIndex = i;
lvi.Text = "itme" + (i+1);
this.listView2.Items.Add(lvi);
        }
this.listView2.EndUpdate();
#endregion

#regionSmallIcon 视图中 ListView 的设置
this.listView3.BeginUpdate();
for (i = 0; i < 5; i++)
        {
ListViewItem lvi = newListViewItem();
lvi.ImageIndex = i;
lvi.Text = "itme" + (i+1);
this.listView3.Items.Add(lvi);
        }
this.listView3.EndUpdate();
#endregion

#region List 视图中的 ListView 的设置
this.listView4.BeginUpdate();
for (i = 0; i < 5; i++)
        {
ListViewItem lvi = newListViewItem();
```

```
lvi.ImageIndex = i;
lvi.Text = "itme" + (i + 1);
this.listView4.Items.Add(lvi);
        }
this.listView4.EndUpdate();
#endregion

#region Title 视图中的 Title 的设置
this.listView5.BeginUpdate();
for (i = 0; i < 5; i++)
        {
ListViewItem lvi = newListViewItem();
lvi.ImageIndex = i;
lvi.Text = "itme" + (i + 1);
this.listView5.Items.Add(lvi);
        }
this.listView5.EndUpdate();
#endregion
        }
```

Details 视图中的添加按钮事件 btn_DAdd_Click，具体代码如下。

```
        private void btn_DAdd_Click(object sender, EventArgs e)
        {
if (txtbox_DColumn1.Text.Trim() != "")
        {
if (txtbox_DColumn2.Text.Trim() != "")
            {
if (txtbox_DColumn3.Text.Trim() != "")
                {
ListViewItem lvi = newListViewItem();
lvi.ImageIndex = rd.Next(0,5);                    //随机选择 imagelist5 张图片中的一种
lvi.Text = txtbox_DColumn1.Text.Trim();           //第一列
lvi.SubItems.Add(txtbox_DColumn2.Text.Trim());    //第二列
lvi.SubItems.Add(txtbox_DColumn3.Text.Trim());    //第三列
this.listView1.Items.Add(lvi);
                }
else
MessageBox.Show("列 3 不能为空!");
                }
else
MessageBox.Show("列 2 不能为空!");
        }
else
MessageBox.Show("列 1 不能为空!");
        }
```

LargeIcon 视图中的添加按钮事件 btn_LAdd_Click，具体代码如下。

```
        private void btn_LAdd_Click(object sender, EventArgs e)
        {
ListViewItem lvi = newListViewItem();
lvi.ImageIndex = rd.Next(0,5);
lvi.Text = "item" ;
this.listView2.Items.Add(lvi);
        }
```

SmallIcon 视图中的添加按钮事件 btn_SAdd_Click，具体代码如下。

```
        private void btn_SAdd_Click(object sender, EventArgs e)
        {
ListViewItem lvi = newListViewItem();
lvi.ImageIndex = rd.Next(0, 5);
lvi.Text = "item" ;
this.listView3.Items.Add(lvi);
        }
```

List 视图中的添加按钮事件 btn_LiAdd_Click，具体代码如下。

```
        private void btn_LiAdd_Click(object sender, EventArgs e)
        {
ListViewItem lvi = newListViewItem();
lvi.ImageIndex = rd.Next(0, 5);
lvi.Text = "item";
this.listView4.Items.Add(lvi);
        }
```

Title 视图中的添加按钮事件 btn_TAdd_Click，具体代码如下。

```
        private void btn_TAdd_Click(object sender, EventArgs e)
        {
ListViewItem lvi = newListViewItem();
lvi.ImageIndex = rd.Next(0, 5);
lvi.Text = "item";
this.listView5.Items.Add(lvi);
        }
```

列表激活事件 listView1_ItemActivate，具体代码如下。

```
        private void listView1_ItemActivate(object sender, EventArgs e)
{
MessageBox.Show("第一列:" + this.listView1.SelectedItems[0].Text + "\r\n 第二列:" + this.
listView1.SelectedItems[0].SubItems[1].Text + "\r\n 第三列:" + this.listView1.SelectedItems[0].
SubItems[2].Text);
        }
```

代码说明：①首先在FrmMain窗体中添加一个TabControl控件并将其Dock属性值设置为Fill；然后在TabPages属性中添加五个TabPage，其Text属性分别为：Detail视图、LargeIcon视图、SmallIcon视图、List视图和Title视图。②在FrmMain窗体中添加一个ImageList控件，其Images属性中添加了五张图片。③在TabControl的Details视图下添加一个ListView控件并在其Columns属性中添加三个列，其Text属性分别为列1、列2、列3；在SmallImageList属性中选择ImageList1，View属性选择Details。④在TabControl的LargeIcon视图下添加一个ListView控件，其LargeImageList属性设置为imageList1，View属性设置为LargeIcon。⑤在TabControl的SmallIcon视图下添加一个ListView控件，在其SmallImagelist属性中选择imageList1属性，将View属性设置为SmallIcon。⑥在TabControl的List视图下添加一个ListView控件，在其SmallImagelist属性中选择imageList1属性，将View属性设置为List。⑦在TablControl的Title视图下添加一个ListView控件，在其LargeImagelist属性中选择imageList1属性，将View属性设置为Title。⑧在TabControl的各个视图下添加一个Button控件。⑨使用ListView的BeginUpdate方法可使UI暂时挂起，进行数据更新；使用EndUpdate方法则结束数据处理。⑩实例化一个ListViewItem对象，首先通过设置ImageList属性来设置图像的索引，在Detail视图下，其Text属性的值即为列1的值；然后使用SubItems的Add方法来为其他列添加值，其他视图下没有列直接使用Text属性的值添加；最后使用ListView的Items的Add方法将实例化的ListItem对象添加进去。⑪在FrmMain的窗体Load事件中将第九和第十的功能项添加到其代码块即可，在各个视图下添加项是和Load事件中的代码一样的。

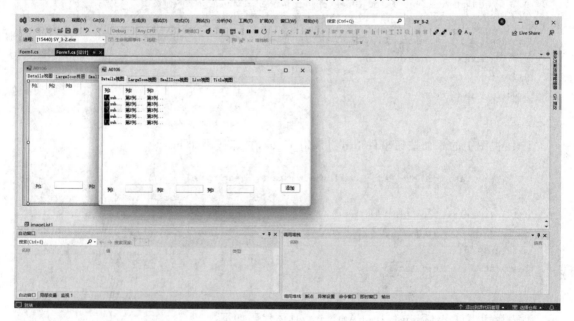

图 3-15　ListView 控件显示

4. MenuStrip 控件开发实战

（1）MenuStrip 控件开发—创建项目。按照 2.2.7 节编写第一个 C♯程序的步骤创建一个控制台应用程序。

（2）界面设计。打开视图—工具箱—MenuStrip 按钮，双击或者拖拽都可以添加控件到窗体中，如图 3-16 所示。

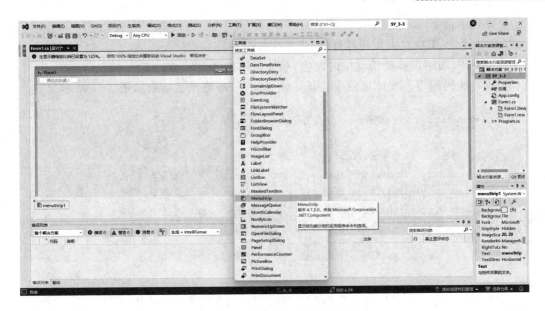

图 3-16　MenuStrip 控件窗体界面

（3）控件属性。

Name：设置控件或窗体的名称。

BackColor：设置控件或窗体的背景颜色。

BackgroundImage：设置该窗体的背景图片。

ContextMenuStrip：表示右击鼠标所出现的菜单。

Dock：表示控件在窗体的停靠位置。

Enabled：表示控件是否有用，默认值为 Ture。若设为 False，则该控件不可用。

Font：设置控件里字体的字号、字体和下划线。

ForeColor：设置控件里字体的颜色（默认为黑色）。

Location：表示控件在窗体中的位置。X 坐标数值越大，则控件会越往右；Y 坐标数值越大，则控件越往下。

Size：表示控件的大小。Width 表示控件的宽度，Heigth 表示控件的高度。

Visible：表示是否隐藏控件。如果设为 False，控件将被隐藏。

Items：获取属于 ToolStrip 控件的所有项。

GripStyle：表示工具栏的抓取手柄样式。若设置为"visible"，工具栏的抓取手柄将可见；若设为"Hidden"，工具栏的抓取手柄将不可见。

MdiWindowListItem：表示在多文档界面（MDI）应用程序中，用于显示子窗口列表的菜单项。该属性设置为一个"MenuStrip"控件的项，显示所有打开的子窗口。

Stretch：表示获取或设置一个值，指示 MenuStrip 控件是否在其容器中从一端拉伸到另一端。

ShowItemToolTips：表示获取或设置一个值，指示是否显示 MenuStrip 控件的工具提示。

MenuStrip 控件功能设置见表 3-7。

表 3-7　MenuStrip 控件功能设置

控件名称	控件 Text 属性	控件 Name 属性	功能
Form1 窗体	B00601	FrmMain	—
MenuStrip 控件	MenuStrip1	MenuStrip	应用程序菜单结构的容器

（4）常用事件。

Click 事件：当用户左击按钮控件时，将发生该事件。

Scroll 事件：当用户移动滚动框时发生；添加窗体加载事件 A0107_Load。

（5）核心代码编写。窗体加载事件具体代码如下，最终显示结果如图 3-17 所示。

```
private void Form1_Load(object sender,EventArgs e)
{
    //其中 menuStrip1 为 MenuStrip 控件
    this.menuStrip1.Items.Add("视图");//为 menuStrip1 添加二级菜单项"视图"
    this.menuStrip1.Items.Add("重构");//为 menuStrip1 添加二级菜单项"重构"
    this.menuStrip1.Items.Add("项目");//为 menuStrip1 添加二级菜单项"项目"
    this.menuStrip1.Items.Add("生成");//为 menuStrip1 添加二级菜单项"生成"
}
```

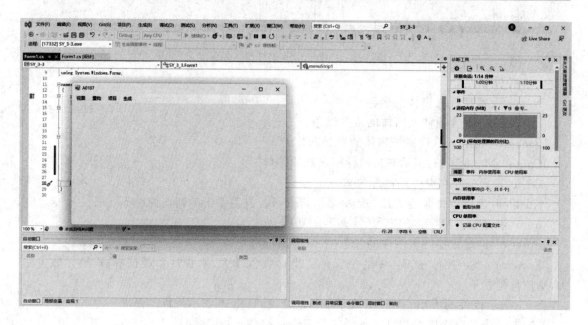

图 3-17　MenuStrip 控件显示

5. NumericUpDown 控件开发实战

（1）NumericUpDown 控件开发—创建项目。按照 2.2.7 节编写第一个 C#程序的步骤创建一个控制台应用程序。

（2）界面设计。打开视图—工具箱—NumericUpDown 按钮，双击或者拖拽都可以添加控件到窗体中，如图 3-18 所示。

（3）控件属性。

Name：设置控件或窗体的名称。

BackColor：设置控件和窗体的背景颜色。

BackgroundImage：设置窗体的背景图片。

Font：设置控件里字体的大小、字号、字体和下划线。

ForeColor：设置控件里字体的颜色（默认为黑色）。

DecimalPlaces：设置 NumericUpDown 控件要显示的小数点数。

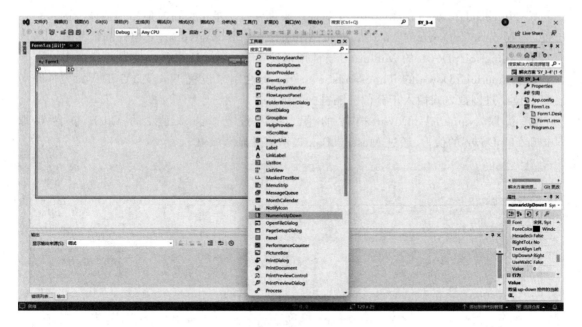

图 3-18　NumericUpDown 控件窗体界面

Increment:设置每次单击按钮时 NumericUpDown 控件的值增加或减少的步长。Maximum:设置 NumericUpDown 控件的最大值。Minimum:设置 NumericUpDown 控件的最小值。

ThousandsSeparator:设置 NumericUpDown 控件是否在每三位十进制数之间插入千分位分隔符。

NumericUpDown 控件功能设置见表 3-8。

表 3-8　NumericUpDown 控件功能设置

控件名称	控件 Text 属性	控件 Name 属性	功能
Form 窗体	A0108	FrmForm	主窗体
NumericUpDown 控件	numericUpDown1	numericUpDown1	获取或设置数值
Button 按钮	获取值	btnGetValue	获取 numericUpDown1 中的值

（4）常用事件。

Click 事件:当用户左击 NumericUpDown 控件时,将发生该事件。

ValueChange 事件:当控件中的值更改时发生;添加获取值按钮 btnGetValue_Click。

（5）核心代码编写。获取值按钮单击事件代码如下,最终显示结果如图 3-19 所示。

```
private void button1_Click(object sender,EventArgs e)
{
    MessageBox.Show(numericUpDown1.Value.ToString());
    //通过消息框提示的信息显示 numericUpDown1 的当前值
}
```

代码说明:①设置 NumericUpDown 控件的显示格式、最大范围和最小范围。

a. NumericUpDown 的 DecimalPlaces 属性用来设置 NumericUpDown 控件要显示的小数点数。

b. NumericUpDown 的 Increment 属性用来设置每次单击按钮时值增加或减少的步长。

c. NumericUpDown 的 Maximum 属性用来设置 NumericUpDown 控件的最大值。

d. NumericUpDown 的 Minimum 属性用来设置 NumericUpDown 控件的最小值。

e. NumericUpDown 的 ThousandsSeparator 属性用来设置 NumericUpDown 控件是否在每三位十进制数之间插入千分位分隔符。

② 获取 NumericUpDown 控件的值。利用按钮"获取值"的 Click 事件获取 NumericUpDown 的值,并通过 MessageBox 提示信息显示该值。

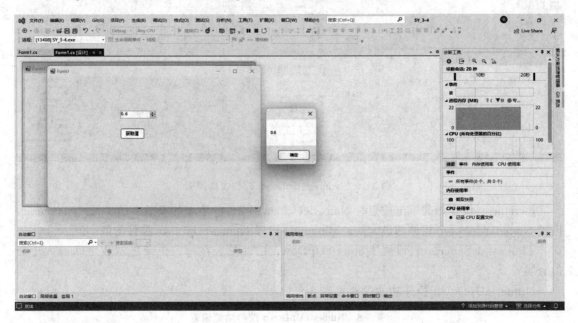

图 3-19　NumericUpDown 控件显示

3.3　C♯数据库类控件练习

3.3.1　实验目的

锻炼 C♯开发基础能力以及熟练使用 C♯控件,并对 PictureBox、RadioButton、SplitContainer、TabControl、Timer、ToolStrip 六个控件进行开发练习。

3.3.2　实验设备

Visual Studio 2022 版本开发工具。

3.3.3　实验原理

PictureBox 类:用于显示图像的 Windows 图片框控件,所属命名空间:System. Windows. Forms。

PictureBox 控件:用于显示来自位图、图标或者元文件,以及增强的元文件、JPEG 或 GIF 文件的图形。如果控件不足以显示整幅图像,则裁剪图像以适应控件的大小。

RadioButton 类:用户可以通过单击来选中 RadioButton,但只能通过编程方式来取消选中状态。IsChecked 属性用于指示 RadioButton 是否被选中，所属命名空间：System. Windows. Forms。

SplitContainer 类：表示一个由可移动条组成的控件，该可移动条将容器的显示区域分成两个大小可调的面板，所属命名空间：System. Windows. Forms。

SplitContainer 控件：可以将 Windows 窗体 SplitContainer 控件看作是一个复合体，它是由一个可移动的拆分条分隔的两块面板。当鼠标指针悬停在该拆分条上时，指针将相应地改灰度校正状以显示该拆分条是可移动的。使用 SplitContainer 控件可以创建复合的用户界面（通常，在一个面板中的选择决定了在另一个面板中显示的对象），两个面板对于显示和浏览信息非常有用，用户可以聚合不同区域中的信息，并且可以轻松地使用拆分条（也称为"拆分器"）调整面板的大小。

TabControl 类：表示包含多个共享相同空间的控件，所属命名空间：System. Windows. Forms。

TabControl 控件：在 Windows 应用程序中，选项卡用于将相关的控件集中在一起，放在一个页面中用以显示多种综合信息。选项卡控件通常用于显示多个选项卡，其中每个选项卡均可包含图片和其他控件。选项卡相当于多窗体控件，可以通过设置多页面方式容纳其他控件。由于该控件具有集约性，用户在相同操作面积可以执行多页面的信息操作，因此该控件被广泛应用于 Windows 设计开发之中。

Timer 类：实现按用户定义的时间间隔引发事件的计时器。此计时器最宜用于 Windows 窗体应用程序中，并且必须在窗口中使用，所属命名空间：System. Windows. Forms。

Timer 控件：用于背景进程中，它是不可见的。对于 Timer 控件以外的其他控件的多重选择，不能设置 Timer 的 Enabled 属性。但在运行于 Windows 95 或 Windows NT 下的 Visual Basic 5.0 中可以有多个活动的定时器控件，所以实际上并没有什么限制。通俗来说，Timer 控件就是计时器，这是一个不可视控件，它的重要属性有 Interval、Enabled，它的 Tick 事件指的是每经过 Interval 属性指定的时间间隔时发生一次。

ToolStrip 类：为 Windows 工具栏对象提供容器，所属命名空间：System. Windows. Forms。

ToolStrip 控件：使用 ToolStrip 及其关联的类，可以创建具有 Microsoft®、Windows®、XP、Microsoft Office、Microsoft Internet Explorer 或自定义的外观和行为的工具栏及其他用户界面元素。这些元素支持溢出及运行时项重新排序。ToolStrip 控件提供丰富的设计体验，包括就地激活和编辑、自定义布局、漂浮（即工具栏共享水平或垂直空间的能力）。尽管 ToolStrip 控件已替换了早期版本并添加了功能，但是用户仍可以在需要时选择保留工具栏以备向后兼容和将来使用。使用 ToolStrip 控件可以创建易于自定义的常用工具栏，让这些工具栏支持高级用户界面和布局功能，如停靠、漂浮、带文本和图像的按钮、下拉按钮和控件、溢出按钮和 ToolStrip 项的运行时重新排序；支持操作系统的典型外观和行为；对所有容器和包含的项进行事件的一致性处理，处理方式与其他控件的事件相同；将项从一个 ToolStrip 拖到另一个 ToolStrip 内；使用 ToolStripDropDown 中的高级布局创建下拉控件及用户界面类型编辑器；通过使用 ToolStripControlHost 类来使用 ToolStrip 中的其他控件，并为它们获取 ToolStrip 功能；通过使用 ToolStripRenderer、ToolStripProfessionalRenderer 和 ToolStripManager 以及 ToolStripRenderMode 枚举和 ToolStripManagerRenderMode 枚举，可以扩展此功能并修改外观和行为。

3.3.4 程序界面设计

1. PictureBox 控件开发实战

（1）PictureBox 控件开发—创建项目。按照 2.2.7 节编写第一个 C♯程序的步骤创建一个控制台应用程序。

（2）界面设计。打开视图—工具箱—PictureBox 按钮，双击或者拖拽都可以添加控件到窗体中，如图 3-20 所示。

（3）控件属性。

Appearance 属性：返回或设置 MDIForm 或 Form 对象上的控件在设计时的绘图风格，在运行时是只读的。

BackColor：返回或设置对象的背景颜色。

ForeColor：返回或设置在对象里显示图片和文本的前景颜色。

DataChanged：返回或设置一个值，它指出被绑定的控件中的数据已被某进程改变，这个进程不是从当前记录中检索数据的进程。此属性在设计时不可用。

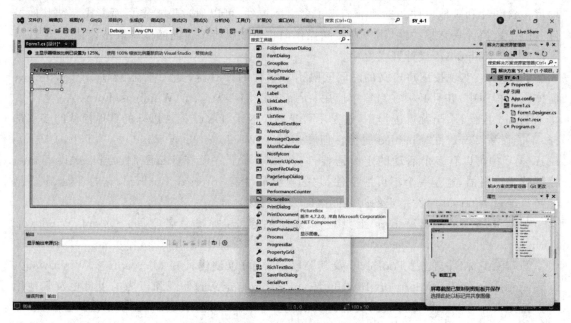

图 3-20　PictureBox 控件窗体界面

DataField：返回或设置数据使用者将被绑定到的字段名。

DataFormat：设置或返回一个 StdDataFormat 对象，该对象用于指定绑定对象的数据格式。在设计时或运行时都可读写此属性。

DataMember：从数据供应程序提供的几个数据成员中返回或设置一个特定的数据成员。

DragIcon：返回或设置图标，它将在拖放操作中作为指针显示。

DragMode：返回或设置一个值，用来确定在拖放操作中所使用的是手动还是自动拖放方式。

Enabled：返回或设置一个值，用来确定一个窗体或控件是否能够对用户产生的事件作出反应。

PictureBox 控件功能设置见表 3-8。

表 3-8　PictureBox 控件功能设置

控件名称	控件 Text 属性	控件 Name 属性	功能
Form 窗体	A0109	FrmMain	—
PictureBox 控件	—	picLocalPicture	显示图片

（4）常用事件。

Click 事件：当用户左击 PictureBox 控件时，将发生该事件。

DoubleClick 事件：当用户左双击 PictureBox 控件时，将发生该事件。

（5）配置 PictureBox 控件以显示本地图片。使 PictureBox 上显示指定的本地图片，最终显示结果如图 3-21 所示。往窗体中拖入一个 PictureBox 控件，通过鼠标拖动调整至适当大小或设置其 Dock 属性为 Fill（即填充整个窗体），设置其 Name 属性为 picLocalPicture，设置其 Image 属性：单击 Image 属性右边的"..."，选择本地资源→导入→按路径选择需要指定的图片并选中（在此之前需要把该图片移动到本项目的工程文件的"图片"目录下，这样项目在其他任何计算机上都能使用）→选中图片单击确定后就能在 PictureBox 控件上显示本地图片了。

图 3-21　PictureBox 控件显示

2．RadioButton 控件开发实战

（1）RadioButton 控件开发—创建项目。按照 2.2.7 节编写第一个 C#程序的步骤创建一个控制台应用程序。

（2）界面设计。打开视图—工具箱—RadioButton 按钮，双击或者拖拽都可以添加控件到窗体中，如图 3-22 所示。

（3）控件属性。

Checked 属性：设置或返回单选按钮是否被选中，选中时值为 True，没有选中时值为 False。

AutoCheck 属性：如果 AutoCheck 属性被设置为 True（默认），那么当选择该单选按钮时，将自动清除该组中所有其他单选按钮。对一般用户来说，不需要改变该属性，采用默认值（True）即可。

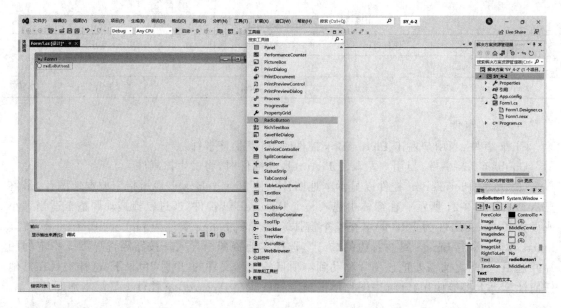

图 3-22　RadioButton 控件窗体界面

Appearance 属性：获取或设置单选按钮控件的外观。当取值为 Appearance.Button 时，将使单选按钮的外观像命令按钮一样：当选定它时，它看似已被按下；当取值为 Appearance.Normal 时，就是默认的单选按钮的外观。

Text 属性：设置或返回单选按钮控件内显示的文本，该属性也可以包含访问键，即前面带有"&"符号的字母，这样用户就可以通过同时按 Alt 键和访问键来选中控件。

RadioButton 控件功能设置见表 3-9。

表 3-9　RadioButton 控件功能设置

控件名称	Text 属性	Name 属性	功能
Form 窗体	A0110	FrmMain	主窗体
RadioButton 控件	radioButton1	radioButton 控件	选项按钮 1，提供选择功能
	radioButton2	radioButton 控件	选项按钮 2，提供选择功能

（4）常用事件。

Click 事件：当单击单选按钮时，将把单选按钮的 Checked 属性值设置为 True，同时发生 Click 事件。

CheckedChanged 事件：当 Checked 属性值被更改时，将触发 CheckedChanged 事件。添加单选按钮单击事件 radioButton1_Click；添加单选按钮单击事件 radioButton2_Click。

（5）核心代码编写。在 RadioButton 控件的 Click 事件代码块中返回其 Text 属性的值，单选按钮单击事件 radioButton1_Click 代码如下。

```
private void radioButton1_Click(object sender, EventArgs e)
{
MessageBox.Show("该控件的 Text 值为:" + radioButton1.Text);
}
```

单选按钮单击事件 radioButton2_Click 代码如下,最终显示结果如图 3-23 所示。

```
    private void radioButton2_Click(object sender, EventArgs e)
    {
MessageBox.Show("该控件的 Text 值为:" + radioButton2.Text);
    }
```

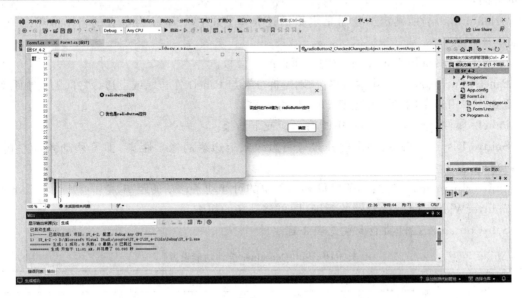

图 3-23　RadioButton 控件显示

3. SplitContainer 控件开发实战

(1) SplitContainer 控件开发—创建项目。按照 2.2.7 节编写第一个 C#程序的步骤创建一个控制台应用程序。

(2) 界面设计。打开视图—工具箱—SplitContainer 按钮,双击或者拖拽都可以添加控件到窗体中,如图 3-24 所示。

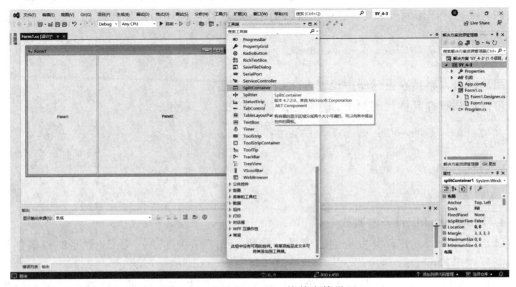

图 3-24　SplitContainer 控件窗体界面

（3）控件属性。

Dock 属性：定义要绑定到容器的控件边框。

FixedPanel 属性：指示在事件调整大小期间，某个 SplitContainer 面板的大小应保持不变。

IsSplitterFixed 属性：确定拆分器能否固定（即是否可以移动移动条），False 为不固定，True 为固定。

Orientation 属性：确定拆分器是水平的还是垂直的，Vertical 为垂直的，Horizontal 为水平的。

Panel1 属性：SplitContainer 中的左面板或上面板。

Panel1MinSize 属性：以像素为单位，确定拆分器与 Panel1 左边缘或上边缘之间的最小距离。

Panel1Collapsed 属性：确定 Panel1 是否折叠。

Panel2 属性：SplitContainer 中的右面板或下面板。

SplitterDistance 属性：确定拆分器与左边缘或上边缘的像素距离，即可移动条与左边缘的初始距离。

SplitterIncrement 属性：调节以像素为单位的可移动条移动的距离。

SplitterWidth 属性：拆分器的粗细，即可移动条的粗细。

SplitContainer 控件功能设置见表 3-10。

表 3-10 SplitContainer 控件功能设置

控件名称	Text 属性	Name 属性	功能
Form 窗体	A0111	FrmMain	主窗体
SplitContainer 控件	—	splitContainer1	将容器的显示区域分成两个大小可调的面板

（4）常用事件。

SplitterMoved 事件：在拆分器完成移动时发生。

SplitterMoving 事件：在拆分器正在移动时发生；添加窗体加载事件 FrmMain_Load。

（5）核心代码编写。在 FrmMain 窗体的 Load 事件代码块中添加代码如下。

```
splitContainer1.FixedPanel = FixedPanel.Panel1;
```

用户也可以直接在设计器中设置 FixedPanel 属性。

窗体加载事件具体代码如下，最终显示结果如图 3-25 所示。

```
    Private void FrmMain_Load(object sender, EventArgs e)
{
splitContainer1.FixedPanel = FixedPanel.Panel1;//固定左边的 Panel
}
```

4. TabControl 控件开发实战

（1）TabControl 控件开发—创建项目。按照 2.2.7 节编写第一个 C#程序的步骤创建一个控制台应用程序。

（2）界面设计。打开视图—工具箱—TabControl 按钮，双击或者拖拽都可以添加控件到窗体中,如图 3-26 所示。

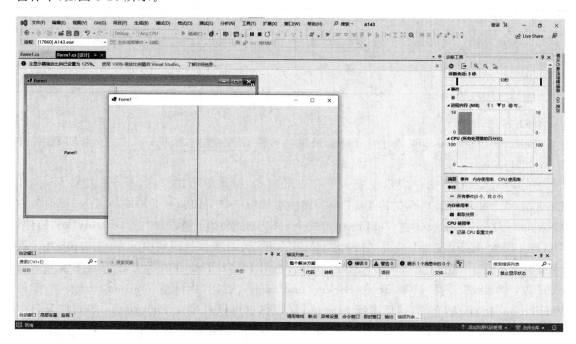

图 3-25　SplitContainer 控件显示

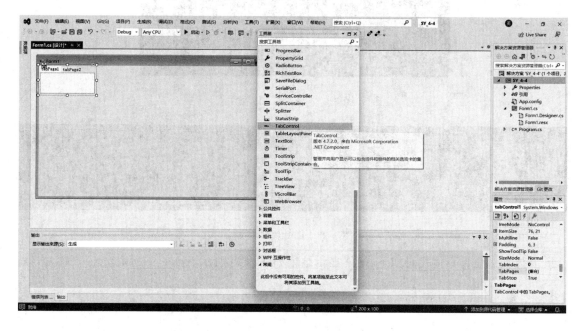

图 3-26　TabControl 控件窗体界面

（3）控件属性。

Dock 属性:定义要绑定到容器的控件边框,为 Fill 时填充整个窗体。

TabPages 属性:TabControl 中的页面集合与设置。

TabControl 控件功能设置见表 3-11。

表 3-11　TabControl 控件功能设置

控件名称	Text 属性	Name 属性	功能
Form 窗体	A0112	FrmMain	主窗体
TabControl 控件	—	tabControl1	创建一个用于显示多个选项卡页面的选项卡控件

（4）常用事件。

SelectedIndexChanged 事件：SelectIndex 属性值更改时发生；添加窗体加载事件 FrmMain_Load。

（5）TabControl 图片展示设置。①在 FrmMain 窗体中添加 TabControl 控件后，将其 Dock 属性设置为 Fill，然后在其 TabPages 属性中添加三个 tabPage 页相应的 Text 属性值设置为：One、Two、Three；②在 TabControl 三个 tabPage 页中分别添加三个 PictureBox 控件，其 Dock 属性分别设置为 Fill；③在 FrmMain 窗体的 Load 事件代码块中分别向 PictureBox 控件添加背景图片；实例化一个 Image 类的对象，使用 Image.FromFile()方法得到图像并赋值该对象，然后将该对象赋值给 BackgroundImage；使用 BackgroundImageLayout 修改 BackgroundImage 的布局，这里选择 Stretch；此处你也可以直接在 PictureBox 的属性窗口中修改；④将图片添加到 Resource 文件中，如图 3-27 所示，图片路径显示如图 3-28 所示。

图 3-27　图片添加界面

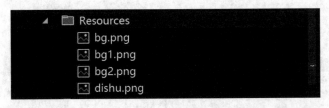

```
//图片路径
private String path1 = "D:\\Visual Studio projects\\A0112\\A0112\\Resources\\bg.png";
private String path2 = "D:\\Visual Studio projects\\A0112\\A0112\\Resources\\bg1.png";
private String path3 = "D:\\Visual Studio projects\\A0112\\A0112\\Resources\\bg2.png";
private String path4 = "D:\\Visual Studio projects\\A0112\\A0112\\Resources\\dishu.png";
```

图 3-28　图片添加路径

窗体加载事件具体代码如下，最终显示结果如图 3-29 所示。

```
        private void FrmMain_Load(object sender, EventArgs e)
        {
Image img = Image.FromFile(path1);
            pictureBox1.BackgroundImage = img;//设置 PictureBox1 的背景图片
            pictureBox1.BackgroundImageLayout = ImageLayout.Stretch;//设置背景图片的布局 3
            pictureBox2.BackgroundImage = Image.FromFile(path2);
            pictureBox2.BackgroundImageLayout = ImageLayout.Stretch;


            pictureBox3.BackgroundImage = Image.FromFile(path3);
```

```
            pictureBox3.BackgroundImageLayout = ImageLayout.Stretch;

TabPagetp = newTabPage("Four");

PictureBox pictureBox4 = newPictureBox();
            pictureBox4.Dock = DockStyle.Fill;
            pictureBox4.BackgroundImage = Image.FromFile(path4);
            pictureBox4.BackgroundImageLayout = ImageLayout.Stretch;

tp.Controls.Add(pictureBox4);//将 pictureBox4 添加到 tabPage 为 Four 的页面中
            tabControl1.TabPages.Add(tp);//将 tabPage 添加到 TabControl 中

    }
```

图 3-29　TabControl 控件显示

5. Timer 控件开发实战

（1）Timer 控件开发—创建项目。按照 2.2.7 节编写第一个 C#程序的步骤创建一个控制台应用程序。

（2）界面设计。打开视图—工具箱—Timer 按钮,双击或者拖拽都可以添加控件到窗体中,如图 3-30 所示。

（3）控件属性。

Name：表示一个控件或者窗体的名称。

Interval：设置 timer 的 Tick 事件触发频率,以毫秒为单位(每 xx 毫秒触发)。

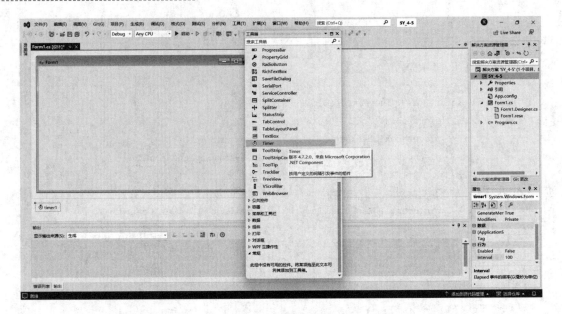

图 3-30　Timer 控件窗体界面

Timer 控件功能设置见表 3-12。

表 3-12　Timer 控件功能设置

控件名称	控件 Text 属性	控件 Name 属性	功能
Form 窗体	A0113	frmMain	主窗体
Timer 控件	timer1	timer1	按用户定义的时间间隔引发事件
Button 按钮	启动	btnStart	启动 Timer 控件
Button 按钮	停止	btnStop	停止 Timer 控件
Lable 控件	lblNumber	0	显示计数值

（4）常用事件。

Tick 事件：在指定的时间间隔里调用此事件；添加 timer 控件时钟事件；添加启动按钮单击事件；添加停止按钮单击事件。

（5）核心代码编写。

最终显示结果如图 3-31 所示，设置 Timer 控件的时间间隔及事件：①将 Timer 控件的 Interval 属性（时间间隔）设为 1 000（即 1 秒）；②Timer 控件的 Tick 事件：在该事件中编写代码如下。

```
i = i + 1;
lblNumber.Text = i.ToString();
```

注：变量 i 需要在前面定义启动或停止 Timer 控件；单击启动按钮将会启动 Timer 控件，程序将循环引发 Timer 控件的 Tick 事件；单击停止按钮程序将停止引发 Timer 控件的 Tick 事件。

Timer 控件时钟事件代码如下。

```
    private void timer1_Tick(object sender, EventArgs e)
    {
lblNumber.Text = i.ToString();
i = i + 1;
```

```
//lblNumber.Text = i.ToString();//在 lable 标签"lblNumber"上显示 i 的值,当按下"启动按钮后,标
                    签 lblNumber 显示的值会每 1s 加 1
//启动 Timer 后程序将会按照 timer 的事件间隔的时间循环引发 tick 事件
if (i > 10)
            {
                    timer1.Stop();
lblNumber.Text = i.ToString();
Thread.Sleep(1000);
i = 0;
lblNumber.Text = i.ToString();
                    }
        }
```

启动按钮单击事件代码如下。

```
Private void btnStart_Click(object sender, EventArgs e)
{
        timer1.Start();//启动 Timer 控件
}
```

停止按钮单击事件代码如下。

```
Private void btnStop_Click(object sender, EventArgs e)
{
        timer1.Stop();//停止 Timer 控件
}
```

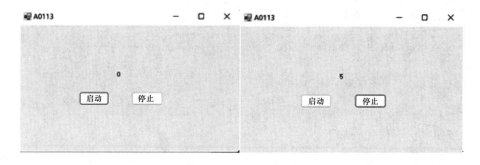

图 3-31　Timer 控件显示

6. ToolStrip 控件开发实战

(1) ToolStrip 控件开发—创建项目。按照 2.2.7 节编写第一个 C#程序的步骤创建一个控制台应用程序。

(2) 界面设计。打开视图—工具箱—ToolStrip 按钮,双击或者拖拽都可以添加控件到窗体中,如图 3-32 所示。

ToolStrip 控件功能设置见表 3-13。

(3) 控件属性。

Items:包含 ToolStrip 中的所有项。

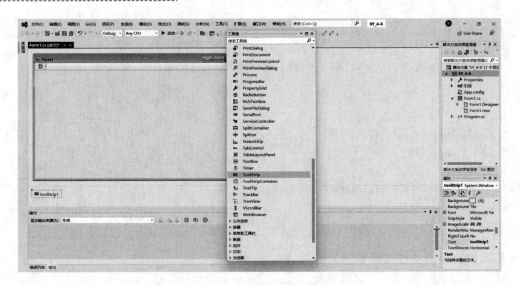

图 3-32　ToolStrip 控件窗体界面

Dock：设置 ToolStrip 在容器中的停靠位置。

（4）常用事件。

ItemClicked：当 ToolStrip 中的项被点击时发生。

Paint：当需要重绘 ToolStrip 时发生。

表 3-13　ToolStrip 控件功能设置

控件名称	控件 Text 属性	控件 Name 属性	功能
Form1 窗体	A0114	FrmMain	主窗体
ToolStrip 控件	—	ToolStrip1	多种外观选项的工具栏

（5）核心代码编写。最终显示结果如图 3-33 所示。

打开按钮单击事件代码如下。

```
private void toolStripButtonCreate_Click(object sender, EventArgs e)
{
MessageBox.Show("我是新建按钮!");
}
```

打开按钮单击事件代码如下。

```
private void toolStripButtonOpen_Click(object sender, EventArgs e)
{
MessageBox.Show("我是打开按钮!");
}
```

保存按钮单击事件代码如下。

```
private void toolStripButtonSave_Click(object sender, EventArgs e)
{
MessageBox.Show("我是保存按钮");
}
```

撤销按钮单击事件代码如下。

```
    private void toolStripButtonUndo_Click(object sender, EventArgs e)
    {
MessageBox.Show("我是撤销按钮");
    }
```

剪切按钮单击事件代码如下。

```
    private void toolStripButtonCut_Click(object sender, EventArgs e)
    {
MessageBox.Show("我是剪切按钮");
    }
```

复制按钮单击事件代码如下。

```
    private void toolStripButtonCopy_Click(object sender, EventArgs e)
    {
MessageBox.Show("我是复制按钮");
    }
```

粘贴按钮单击事件代码如下。

```
    private void toolStripButtonPaste_Click(object sender, EventArgs e)
    {
MessageBox.Show("我是粘贴按钮");
    }
```

删除按钮单击事件代码如下。

```
    private void toolStripButtonDelete_Click(object sender, EventArgs e)
    {
MessageBox.Show("我是删除按钮");
    }
```

图 3-33　ToolStrip 控件显示

3.4 C#字符类控件练习

3.4.1 实验目的

锻炼 C# 开发基础能力以及熟练使用 C# 控件,并对 TreeView、ComboBox、SerialPort 三个控件进行开发练习。

3.4.2 实验设备

Visual Studio 2022 版本开发工具。

3.4.3 实验原理

TreeView 类:显示标记的每个表示项的分层集合 TreeNode,所属命名空间:System. Windows. Forms。

TreeView 控件:显示信息的分级视图,如同 Windows 里的资源管理器的目录。 TreeView 控件中的各项信息都有一个与之相关的 Node 对象。TreeView 显示 Node 对象的分层目录结构,每个 Node 对象均由一个 Label 对象和其相关的位图组成。在建立 TreeView 控件后,用户可以展开或折叠、显示或隐藏其中的节点。TreeView 控件一般用来显示文件和目录结构、文档中的类层次、索引中的层次和其他具有分层目录结构的信息。

ComboBox 类:表示 Windows 组合框控件,所属命名空间:System. Windows. Forms。

ComboBox 控件:Windows 窗体 ComboBox 控件用于在下拉组合框中显示数据。在默认情况下,ComboBox 控件分两个部分显示:第一部分是一个允许用户键入列表项的文本框;第二部分是一个列表框,它显示一个项列表,用户可从中选择一项。有关组合框其他样式的更多信息,请参阅"何时使用 Windows 窗体 ComboBox 而非 ListBox。"SelectedIndex 属性返回一个整数值,该值与选择的列表项相对应。通过在代码中更改 SelectedIndex 值,可以通过编程方式更改选择项;列表中的相应项将出现在组合框的文本框部分。如果未选择任何项,则 SelectedIndex 值为 -1;如果选择列表中的第一项,则 SelectedIndex 值为 0。SelectedItem 属性与 SelectedIndex 类似,但它返回项本身,通常是一个字符串值。Count 属性反映列表的项数,由于 SelectedIndex 是从零开始的,所以 Count 属性的值通常比 SelectedIndex 的最大可能值大一。若要在 ComboBox 控件中添加或删除项,请使用 Add、Insert、Clear 或 Remove 方法。或者可以在设计器中使用 Items 属性向列表添加项。

SerialPort 类:即串行端口,现在大多数硬件设备均采用串口技术与计算机相连,因此串口的应用程序开发越来越普遍。例如,在计算机没有安装网卡的情况下,将本机上的一些信息数据传输到另一台计算机上,利用串口通信就可以实现,所属命名空间:System. IO. Ports。

3.4.4 程序界面设计

1. TreeView 控件开发实战

(1) TreeView 控件开发—创建项目。按照 2.2.7 节编写第一个 C# 程序的步骤创建一个控制台应用程序。

(2) 界面设计。打开视图—工具箱—TreeView 按钮,双击或者拖拽都可以添加控件到窗体中,如图 3-34 所示。

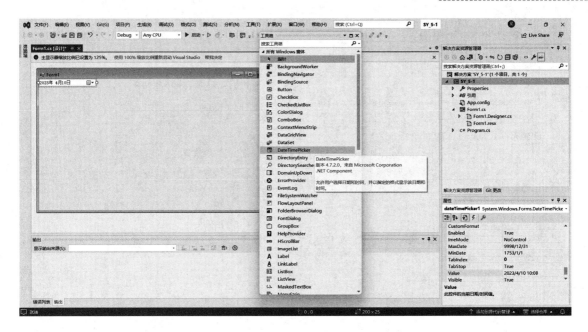

图 3-34　TreeView 控件窗体界面

（3）控件属性。

Name：设置控件的名称。

BackColor：设置控件的背景颜色，使用系统栏下的 Highlight。

BackgroundImage：设置控件的背景图片。

BackgroundImageLayout：设置控件背景图片的布局，一般选择 Tile。

FlatStyle：设置控件外观。

Font：设置字体样式和大小。

ForeColor：设置字体颜色。

Image：在控件上显示图像。

Text：设置控件中显示的文本。

TreeView 控件功能设置见表 3-14。

表 3-14　TreeView 控件功能设置

控件名称	控件 Text 属性	控件 Name 属性	功能
Form1 窗体	A0115	FrmMain	主窗体
Button 按钮	添加父节点	button1	单击触发事件
Button 按钮	添加子节点	button2	单击触发事件
TextBox	—	textBox1	输入文本
TreeView 控件	—	treeView1	显示包含图像的分层集合

（4）常用事件。

Click 事件：当用户左击按钮控件时，将发生该事件；添加父节点按钮单击事件；添加子节点按钮单击事件。

（5）核心代码编写。最终显示结果如图 3-35 所示。

添加父节点代码如下。

```
        private void AddParent()
        {
if (textBox1.Text != "")
                {                                       //创建一个节点对象,并初始化
TreeNodeRootNode = newTreeNode(textBox1.Text);
//在 TreeView 组件中加入父节点
treeView1.Nodes.Add(RootNode);
                    textBox1.Text = null; //清空 textBox1 的文本
                    treeView1.ExpandAll();//展开所有树节点
                }
else
                {
MessageBox.Show("TextBox 组件必须填入节点名称!", "提示信息", MessageBoxButtons.OK,
MessageBoxIcon.Information);
return;
                }
        }
```

添加父节点按钮单击事件代码如下。

```
        private void button1_Click(object sender, EventArgs e)
        {
AddParent();//添加父节点方法
        }
```

添加子节点代码如下。

```
        private void AddChildNode()
        {                                       //首先判断是否选定组件中的位置
if (treeView1.SelectedNode == null)
            {
MessageBox.Show("请选择一个节点", "提示信息", MessageBoxButtons.OK, MessageBoxIcon.
Information);
            }
else
            {
if (textBox1.Text != "")
                {                                   //创建一个节点对象,并初始化
TreeNodeChildNode = newTreeNode(textBox1.Text);
                    treeView1.SelectedNode.Nodes.Add(ChildNode);//在 TreeView 组件中加入子
                                                        节点
                    treeView1.SelectedNode = ChildNode;
                    textBox1.Text = null; //清空 textBox1 的文本
                    treeView1.ExpandAll();//展开所有树节点
                }
else
                {
```

```
MessageBox. Show ("TextBox 组件必须填入节点名称!", "提示信息", MessageBoxButtons. OK,
MessageBoxIcon. Information);

return;
                }
            }
        }
```

添加子节点按钮单击事件代码如下。

```
        private void button2_Click(object sender, EventArgs e)
        {
AddChildNode();//添加子节点方法
        }
```

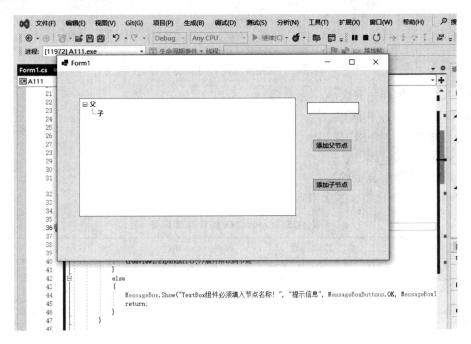

图 3-35　TreeView 控件显示

2. ComboBox 控件开发实战

（1）ComboBox 控件开发—创建项目。按照 2.2.7 节编写第一个 C# 程序的步骤创建一个控制台应用程序。

（2）界面设计。打开视图—工具箱—ComboBox 按钮，双击或者拖拽都可以添加控件到窗体中，如图 3-36 所示。

（3）控件属性。

Name：设置控件的名称。

BackColor：设置控件的背景颜色，使用系统栏下的 Highlight。

BackgroundImage：设置控件的背景图片。

BackgroundImageLayout：设置控件背景图片的布局，一般选择 Tile。

FlatStyle：设置控件外观。

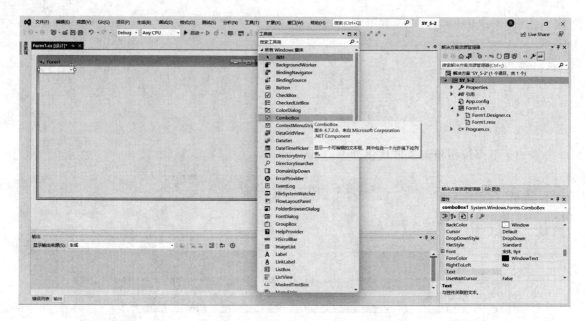

图 3-36　ComboBox 控件窗体界面

Font：设置字体样式和大小。

ForeColor：设置字体颜色。

Image：在控件上显示图像。

Items：在组合框的项。

Text：设置控件中显示的文本。

ComboBox 控件功能设置见表 3-15。

表 3-15　ComboBox 控件功能设置

控件名称	控件 Text 属性	控件 Name 属性	功能
Form1 窗体	A0116	FrmMain	主窗体
Label	未选	Label1	显示初始状态
Label	籍贯	Label2	显示省份名称
Label	湖南	Label3	显示省份名称
Label	请下拉列表选择籍贯	Label4	提示用户进行选择
ComboBox 控件中	湖南		下拉组合框中显示数据

（4）常用事件。

SelectedIndexChanged 事件：SelectedIndex 属性值更改时发生。

DropDownClosed 事件：指示组合框下拉部分关闭时可触发的事件。

Load 事件：每当用户加载窗体时发生；添加窗体加载事件 Form1_Load；添加 ComboBox 选项更改事件 comboBox1_SelectedIndexChanged；添加 ComboBox 下拉列表框关闭事件 comboBox1_DropDownClosed。

（5）核心代码编写。最终显示结果如图 3-37 所示。窗体加载时向 comboBox1 控件添加 Item，单击选择一个 Item，SelectedIndex 属性值发生改变，并且触发事件，组合框下拉部分关闭时也触发事件。

窗体加载事件代码如下。

```
private void Form1_Load(object sender, EventArgs e)   //窗体加载
{
        comboBox1.Items.Add("湖北");                //向 comboBox1 控件添加 Item
        comboBox1.Items.Add("山东");                //向 comboBox1 控件添加 Item
        comboBox1.Items.Add("北京");                //向 comboBox1 控件添加 Item
        comboBox1.Items.Add("重庆");                //向 comboBox1 控件添加 Item
        comboBox1.Items.Add("天津");                //向 comboBox1 控件添加 Item
        comboBox1.Items.Add("河北");                //向 comboBox1 控件添加 Item
}
```

ComboBox 选项更改事件代码如下。

```
private void comboBox1_SelectedIndexChanged(object sender, EventArgs e) //SelectedIndex 属性值
                                                                         改变时发生的事件
{
        label3.Text = comboBox1.Text;//将选中的数据通过 label3 显示出来
}
```

ComboBox 下拉列表框关闭事件代码如下。

```
private void comboBox1_DropDownClosed(object sender, EventArgs e)//组合框下拉部分已关闭触发的事件
{
        label1.Text = "已选";                          //提示用户已经选择
        label4.Text = "";                              //将未选之前的提示信息隐藏
}
```

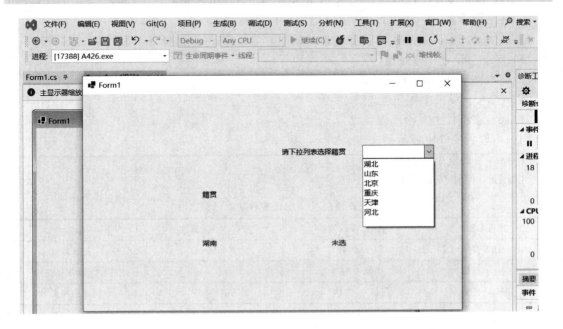

图 3-37　ComboBox 控件显示

3. ListBox 控件开发实战

（1）ListBox 控件开发—创建项目。按照 2.2.7 节编写第一个 C#程序的步骤创建一个控制台应用程序。

（2）界面设计。打开视图—工具箱—ListBox 按钮,双击或者拖拽都可以添加控件到窗体中,如图 3-38 所示。

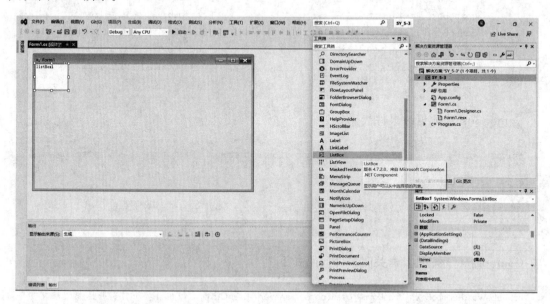

图 3-38　ListBox 控件窗体界面

（3）控件属性。

Name:设置控件的名称。

BackColor:设置控件的背景颜色,使用系统栏下的 Highlight。

BackgroundImage:设置控件的背景图片。

BackgroundImageLayout:设置控件背景图片的布局,一般选择 Tile。

FlatStyle:设置控件外观。

Font:设置字体样式和大小。

ForeColor:设置字体颜色。

Image:在控件上显示图像。

Text:设置控件中显示的文本。

Items:列表框中的项。

ListBox 控件功能设置见表 3-16。

表 3-16　ListBox 控件功能设置

控件名称	控件 Text 属性	控件 Name 属性	功能
Form1 窗体	A0117	FrmMain	主窗体
Button 按钮	获取端口	button1	单击触发事件
listBox 控件	—	listBox1	可选的列表

（4）常用事件。

Click 事件:当用户左击按钮控件时,将发生该事件。

（5）核心代码编写。单击按钮触发事件,清除列表之前的端口号,使用 GetPortNames 方法查询当前计算机的有效串行端口名称列表并且存储到 ports 数组中,将 ports 数组中的数据添加到列表中显示,最终显示结果如图 3-39 所示。

添加窗体加载事件 button1_Click,具体代码如下。

```
private void button1_Click(object sender, EventArgs e)
{
        listBox1.Items.Clear();              //清除之前的端口号
string[] ports = SerialPort.GetPortNames(); //使用 GetPortNames 方法查询当前计算机的有效串行
                                             端口名称列表
foreach (string port in ports)               //循环 ports 数组中的数据
        {
            listBox1.Items.Add(port);  //将 ports 数组中的数据添加到列表中显示
        }
for (int i = 0; i < ports.Length; i++)
        {
string port = ports[i];
listBox1.Items.Add(port);
        }
    }
```

添加列表选项更改事件 listBox1_SelectedIndexChanged,更改事件代码如下。

```
private void listBox1_SelectedIndexChanged(object sender, EventArgs e)
    {
MessageBox.Show("选中" + listBox1.SelectedItem.ToString());
    }
```

图 3-39　ListBox 控件显示

第4章 C♯开发专项实训

4.1 C♯数据库连接开发练习

4.1.1 实验目的

锻炼 C♯ 开发专项能力,进行数据库连接开发练习。

4.1.2 实验设备

Visual Studio 2022 版本开发工具。

4.1.3 实验原理

System.Data.SqlClient 命名空间是 SQL Server 的.NET Framework 数据提供程序。

SQL Server 的.NET Framework 数据提供程序描述了一个类集合,这个类集合用于访问托管空间中的 SQL Server 数据库。使用 SqlDataAdapter 可以填充驻留在内存中的 DataSet,该数据集可用于查询和更新数据库。

4.1.4 程序界面设计

(1) 数据库连接开发—创建项目。打开 Visual Studio,单击【创建新项目】,选择【Visual C♯】→【Windows 窗体应用程序】,输入名称后选择存储路径,然后单击【下一步】,其界面设计显示如图 4-1 所示,其控件属性见表 4-1。

图 4-1 数据库连接界面设计显示

表 4-1 数据库连接控件属性设置

控件名称	控件 Text 属性	控件 Name 属性	功能
Form 窗体	A0201	FrmMain	主窗体
Button 按钮	连接数据库	btnDatabaseConnection	执行连接数据库的操作

（2）常用事件。添加连接数据库按钮单击事件 btnDatebaseConnection_Click，如图 4-2 所示。

图 4-2　数据库连接事件添加

常见错误解析 1　在没有创建数据库的情况下，程序会报异常，并且会将异常信息显示到异常提示框中，用户可根据异常提示框中的信息定位到错误类型，如图 4-3 所示。

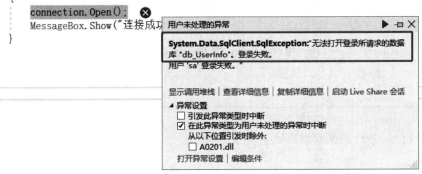

图 4-3　常见错误解析 1

常见错误解析 2　当使用 Sql 账号登录，用户登录失败，是因为账号和/或密码错误，请确认账号和/或密码后重新登录，如图 4-4 所示。

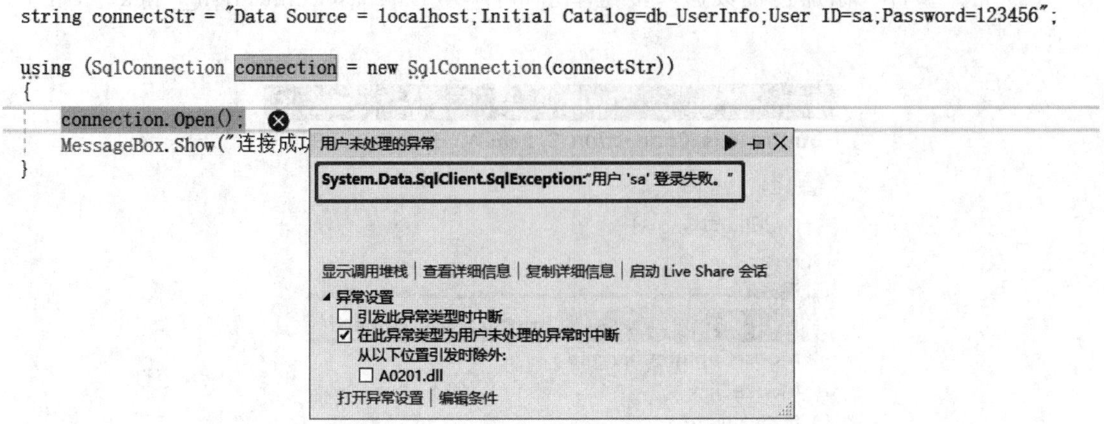

```
string connectStr = "Data Source = localhost;Initial Catalog=db_UserInfo;User ID=sa;Password=123456";

using (SqlConnection connection = new SqlConnection(connectStr))
{
    connection.Open();
    MessageBox.Show("连接成功
}
```

图 4-4　常见错误解析 2

（3）核心代码编写。在连接数据库之前必须先创建数据库文件，添加命名空间 using System. Data. SqlClient；。

连接数据库按钮单击事件代码如下。

```
private void btnDatebaseConnection_Click(object sender, EventArgs e)
{
    //建立和数据库服务器的连接
    SqlConnection conn = newSqlConnection("server = .;database = db_UserInfo;uid = sa;pwd = 123;");
    //其中 server = .;中的"."代表本地服务器,db_BookManage 代表需要连接的数据库名,Trusted_Connection = true;中的"true"代表打开数据库连接,为"false"则表示关闭.
    conn.Open();//打开数据库连接
    MessageBox.Show("连接成功");
}
```

4.2　C#数据库修改开发练习

4.2.1　实验目的

锻炼 C#开发专项能力，进行数据库增删改查开发练习。

4.2.2　实验设备

Visual Studio 2022 版本开发工具。

4.2.3　实验原理

System. Data. SqlClient 命名空间是 SQL Server 的. NET Framework 数据提供程序。

SQL Server 的. NET Framework 数据提供程序描述了一个类集合，这个类集合用于访问托管空间中的 SQL Server 数据库。使用 SqlDataAdapter 可以填充驻留在内存中的

DataSet,该数据集可用于查询和更新数据库。

4.2.4　程序界面设计

(1)数据库增删改查—创建项目。打开 Visual Studio,单击【创建新项目】,选择【Visual C#】→【Windows 窗体应用程序】,输入名称后选择存储路径,然后单击【下一步】。

(2)添加类。右击【项目】→【添加】→【类】,选择【Visual C#项】→【类】,填写名称,如图 4-5 所示。

图 4-5　数据库增删改查类添加

(3)数据库增删改查界面设计显示如图 4-6 所示,控件属性见表 4-2。

图 4-6　数据库增删改查界面设计显示

表 4-2　数据库增删改查控件属性设置

控件名称	控件 Text 属性	控件 Name 属性	功能
Form1 窗体	A0202	FrmMain	—
Button 按钮	添加	btnInsert	往数据库中添加信息
Button 按钮	查询	btnSelect	查询数据库中的信息
Button 按钮	修改	btnChange	修改数据库中的信息
Button 按钮	删除	btnDelete	删除数据库中的信息

（4）常用事件。添加添加按钮单击事件 btnInsert_Click，添加查询按钮单击事件 btnSelect_Click，添加修改按钮单击事件 btnChange_Click，添加删除按钮单击事件 btnDelete_Click，代码如下。

```
public partial class frmMain:Form
{
    public frmMain()
    {
        InitializeComponent();
    }
    private void btnInsert_Click(object sender,EventArgs e)
    {

    }
    private void btnSelect_Click(object sender,EventArgs e)
    {

    }
    private void btnChange_Click(object sender,EventArgs e)
    {

    }
    Private void btnDelete_Click(object sender,EventArgs e)
    {

    }
}
```

常见错误解析 1　在没有创建数据库的情况下，程序会报异常，并且会将异常信息显示到异常提示框中，用户可根据异常提示框中的信息定位到错误类型，如图 4-7 所示。

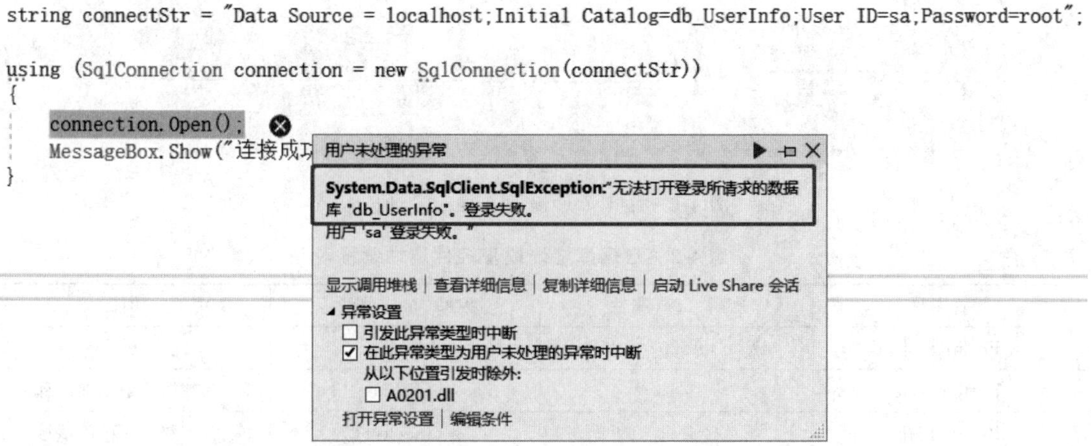

```
string connectStr = "Data Source = localhost;Initial Catalog=db_UserInfo;User ID=sa;Password=root";

using (SqlConnection connection = new SqlConnection(connectStr))
{
    connection.Open();  ⊗
    MessageBox.Show("连接成功
}
```

用户未处理的异常　▶ -□ ✕

System.Data.SqlClient.SqlException:无法打开登录所请求的数据库 "db_UserInfo"。登录失败。
用户 'sa' 登录失败。"

显示调用堆栈 | 查看详细信息 | 复制详细信息 | 启动 Live Share 会话

▲ 异常设置
　□ 引发此异常类型时中断
　☑ 在此异常类型为用户未处理的异常时中断
　　从以下位置引发时除外：
　　□ A0201.dll
打开异常设置 | 编辑条件

图 4-7　常见错误解析 1

常见错误解析 2 当使用 Sql 账号登录,用户登录失败,是因为账号和/或密码错误,请确认账号和/或密码后重新登录,如图 4-8 所示。

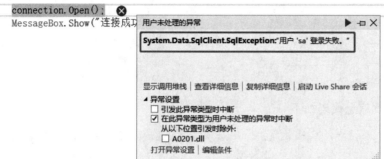

图 4-8 常见错误解析 2

(5)核心代码编写。在连接数据库之前必须创建数据库文件。

在 sqlHelper 类中添加命名空间代码如下。

```
usingSystem.Data.SqlClient;
```

在 sqlHelper 类中定义变量代码如下。

```
        //建立连接字符串
        public string connection = "server = .;database = db_UserInfo;uid = sa;pwd = 123";
public int i = 0;
public string j;
//创建 SqlConnection 对象
        SqlConnectionsc = newSqlConnection();
```

在 sqlHelper 类中插入信息代码如下。

```
        public void insert()
        {
sc.ConnectionString = connection;   //设置 SqlConnecttion 对象的连接字符串
string Name = "李飞";
string Sex = "女";
string IDCard = "430281199308074517";
try
        {
sc.Open();                      //打开数据库连接
SqlCommandcmd = newSqlCommand();   //创建 SqlCommand 对象
cmd.CommandType = CommandType.Text; //设置 SqlCommand 对象执行 SQL 文本命令
```

```
cmd.Connection = sc;                      //设置 SqlCommand 对象的 Connection 属性
cmd.CommandText =                         //设置 SqlCommand 对象执行的 Sql 语句
"INSERT INTO tb_UserInfovalues( '" + Name + "','" + Sex + "','" + IDCard + "')";
i = cmd.ExecuteNonQuery();                //返回数据库中受影响的行数
            }
finally
            {
sc.Close();
            }
        }
```

在 sqlHelper 类中修改信息代码如下。

```
        public void Change()
        {
sc.ConnectionString = connection;//设置 SqlConnecttion 对象的连接字符串
string Name = "孙飞";
string IDCard = "430281199308074517";
try
        {
sc.Open();
SqlCommandcmd = newSqlCommand("UPDATE tb_UserInfo set u_Name ='" + Name + "' where u_IDCard ='"
+ IDCard + "'", sc);
i = cmd.ExecuteNonQuery();
        }
finally
        {
sc.Close();
        }
        }
```

在 sqlHelper 类中查询信息代码如下。

```
        public void Select()
        {
sc.ConnectionString = connection;                  //设置 SqlConnecttion 对象的连接字符串
string IDCard = "430281199308074517";
try
        {
sc.Open();
SqlCommandcmd = newSqlCommand("Select  u_Name from tb_UserInfo where u_IDCard ='" + IDCard + "
'", sc);
                j = (string)cmd.ExecuteScalar(); //把查询的结果的第一行第一列的值赋给 j
        }
finally
        {
```

```
sc.Close();
            }
        }
```

在 sqlHelper 类中删除信息代码如下。

```
        public void Delete()
        {
sc.ConnectionString = connection;//设置 SqlConnecttion 对象的连接字符串
string Name = "张飞";
try
        {
sc.Open();
string cmdtext = "DELETE from tb_UserInfo where u_Name ='" + Name + "'";
SqlCommandcmd = newSqlCommand(cmdtext, sc);
i = cmd.ExecuteNonQuery();
        }
catch (Exception ex)
        {
Console.WriteLine("打开数据库错误:{0}", ex.Message);
        }
finally
        {
sc.Close();
        }
    }
```

在 sqlHelper 类中返回受影响的行数代码如下。

```
        public int IsSuccess()
sh.insert();
int i = sh.IsSuccess();
if (i > 0)
        {
MessageBox.Show("添加信息成功!");
        }
else
        {
MessageBox.Show("数据库错误! 添加信息失败!");
        }
    }
```

添加按钮单击事件具体代码如下。

```
        private void btnInsert_Click(object sender, EventArgs e)
        {
```

```
sh. insert();
int i = sh.IsSuccess();
if (i > 0)
        {
MessageBox.Show("添加信息成功!");
        }
    else
        {
MessageBox.Show("数据库错误! 添加信息失败!");
        }
    }
```

查询按钮单击事件代码如下。

```
        private void btnSelect_Click(object sender, EventArgs e)
        {
sh.Select();
string Name = sh.IsSucced();
if (Name == "李飞")
        {
MessageBox.Show("查询信息成功!");
        }
    else
        {
MessageBox.Show("查询信息失败!");
        }
    }
```

修改按钮单击事件代码如下。

```
        private void btnChange_Click(object sender, EventArgs e)
        {
sh.Change();
int i = sh.IsSuccess();
if (i > 0)
        {
MessageBox.Show("修改信息成功!");
        }
    else
        {
MessageBox.Show("数据库错误! 修改信息失败!");
        }
    }
```

删除按钮单击事件代码如下。

```
            private void btnDelete_Click(object sender, EventArgs e)
            {
sh.Delete();
int j = sh.IsSuccess();
if (j > 0)
            {
MessageBox.Show("删除信息成功!");
            }
else
            {
MessageBox.Show("数据库错误! 删除信息失败!");
            }
            }
```

4.3　C#IO 开发练习

4.3.1　实验目的

锻炼 C#开发专项能力,进行 IO 开发练习。

4.3.2　实验设备

Visual Studio 2022 版本开发工具。

4.3.3　实验原理

System.IO 命名空间包含允许读写文件和数据流的类型以及提供基本文件和目录支持的类型。在.NET 中,Stream 是所有流的抽象基类。流是字节序列的抽象概念,或者说是计算机在处理文件或数据时产生的二进制序列。例如,文件、输入/输出设备、内部进程通信管道或者 TCP/IP 套接字。Stream 类及其派生类提供这些不同类型的输入和输出的一般视图,使用户不必了解操作系统和基础设备的具体细节,即流实现了不同介质之间的数据交互。

4.3.4　程序界面设计

(1) IO 开发—创建项目。打开 Visual Studio,单击【创建新项目】,选择【Visual C#】→【Windows 窗体应用程序】,输入名称后选择存储路径,然后单击【下一步】,其界面设计显示如图 4-9 所示,其控件属性设置见表 4-3。

图 4-9　IO 界面设计显示

表 4-3 IO 控件属性设置

控件名称	Text 属性	Name 属性	功能
Form 窗体	A0203	FrmMain	—
Label 控件	文件	label1	—
TextBox 控件	—	textBox1	读取或写入文件的路径
RichTextBox 控件	—	rtxtbox_Content	读取或写入文件的内容
GroupBox 控件	文件内容	groupBox1	—
Button	读取文本	—	—
	读取图片	—	—
	写入文本	—	—

（2）常用事件。添加读取文本按钮单击事件 btn_Read_Click，添加写入文本按钮单击事件 btn_Write_Click，添加读取图片按钮单击事件 btn_ReadImage_Click，代码如下。

```
public partial FrmMain:Form
{
    public FrmMain()
    {
        InitializeComponent();
    }


    private void btn_Read_Click(object sender,EventArgs e)
    {


    }


    private void btn_Write_Click(object sender,EventArgs e)
    {


    }
    private void btn_ReadImage_Click(object sender,EventArgs e)
    {


    }
}
```

（3）核心代码编写。添加命名空间代码如下。

```
using System.IO;
```

读取文本按钮单击事件代码如下。

```
        private void btn_Read_Click(object sender, EventArgs e)
        {
try
        {
rtxtbox_Content.Clear();                              //清空
OpenFileDialogofd = newOpenFileDialog();
ofd.Filter = "文本文件(*.txt)|*.txt";                  //设置打开文件的类型

ofd.ShowDialog();                                     //显示文件路径选择对话框
            textBox1.Text = ofd.FileName;             //设置打开的文件名称
FileStream fs = File.OpenRead(textBox1.Text);        //打开现有文件进行读取
byte[] temp = newbyte[1024];                          //定义缓存
while (fs.Read(temp, 0, temp.Length) > 0)             //每次读取1024个字节到缓存中
            {
rtxtbox_Content.Text = Encoding.Default.GetString(temp);//把字节数组中所有字节转换为一个字
                                                        符串
            }
        }
catch
        {
MessageBox.Show("请选择文件!");
        }
    }
```

写入文本按钮单击事件代码如下。

```
        private void btn_Write_Click(object sender, EventArgs e)
        {
            textBox1.Text = Environment.GetFolderPath(Environment.SpecialFolder.Desktop) + "
\\test.txt";                                          //默认在桌面写入文本
    if (string.IsNullOrEmpty(textBox1.Text.Trim()))   //若文件路径为空
        {
MessageBox.Show("请设置文件路径!");
return;
        }
    if (string.IsNullOrEmpty(rtxtbox_Content.Text.Trim()))  //若文本内容为空
        {
MessageBox.Show("请输入文件内容!");
return;
        }
if(! File.Exists(textBox1.Text))
        {
using (StreamWritersw = File.CreateText(textBox1.Text))//创建用于写入UTF-8编码的文本
    {
```

```
sw.WriteLine(rtxtbox_Content.Text);                    //把字符串写入文本流
MessageBox.Show("文件创建成功","提示",MessageBoxButtons.OK,MessageBoxIcon.Information);
rtxtbox_Content.Clear();                                //清空
                }
            }
else
            {
MessageBox.Show("该文件已经存在","提示",MessageBoxButtons.OK,MessageBoxIcon.Information);
            }
        }
```

读取图片按钮单击事件代码如下。

```
        private void btn_ReadImage_Click(object sender, EventArgs e)
            {
try
            {
rtxtbox_Content.Clear();                                //清空
OpenFileDialogofd = newOpenFileDialog();
ofd.Filter = "文本文件(*.png)|*.png;";                   //设置打开文件的类型
ofd.ShowDialog();                                       //显示文件路径选择对话框
                    textBox1.Text = ofd.FileName;//设置打开的文件名称
Clipboard.Clear();                                      //移除剪贴板中所有数据
Bitmap bmp = newBitmap(textBox1.Text);
Clipboard.SetImage(bmp);                                //将选择的图片添加到剪贴板中
rtxtbox_Content.Paste();                                //用剪贴板内容替换文本框中当前选定内容
Clipboard.Clear();
            }
catch
            {
MessageBox.Show("请选择文件!");
            }
        }
```

4.4 C#XML 开发练习

4.4.1 实验目的

锻炼 C#开发专项能力,进行 XML 开发练习。

4.4.2 实验设备

Visual Studio 2022 版本开发工具。

4.4.3　实验原理

System.IO命名空间包含允许读写文件和数据流的类型以及提供基本文件和目录支持的类型。

System.Xml.Linq命名空间:包含LINQ to XML 的类。LINQ to XML 是内存中的XML编程接口,使用户可以轻松、有效地修改XML文档。

使用LINQ to XML可以进行以下操作:从文件或流加载XML;将XML序列化为文件或流;使用功能构造从头创建XML树;使用LINQ查询来查询XML树;操作内存中的XML树。

4.4.4　程序界面设计

(1) XML开发—创建项目。打开Visual Studio,单击【创建新项目】,选择【Visual C♯】→【Windows窗体应用程序】,输入名称后选择存储路径,然后单击【下一步】,其界面设计显示如图 4-10 所示,其控件属性设置见表 4-4。

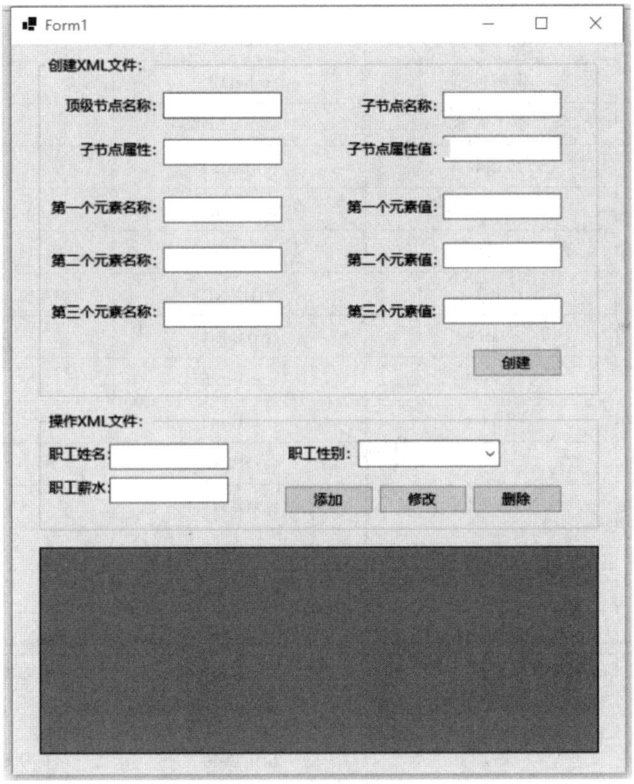

图 4-10　XML界面设计显示

表 4-4　XML 控件属性设置

控件名称	Text 属性	Name 属性	功能
Form 窗体	A0204	FrmMain	
GroupBox 控件	创建 XML 文件	groupBox1	
	操作 XML 文件	groupBox2	
Label 控件	顶级节点名称	label1	
	子节点名称	label2	
	子节点属性	label3	
	子节点属性值	label4	
	第一个元素名称	label5	
	第二个元素名称	label6	
	第三个元素名称	label7	
	第一个元素值	label8	
	第二个元素值	label9	
	第三个元素值	label10	
	职工姓名	label11	
	职工性别	label12	
	职工薪水	label13	
TextBox 控件	Peoples	textBox1	
	People	textBox2	
	ID	textBox3	
	001	textBox10	
	Name	textBox4	
	Sex	textBox6	
	Salary	textBox8	
		textBox5	
		textBox7	
		textBox9	
		txtbox_Name	
		txtbox_Salary	
ComBoBox 控件		cbbox_Sex	提供男和女两个性别选项
Button 控件	创建	btn_Build	创建 XML 文件
	添加	btn_Add	向 XML 文件中添加内容
	修改	btn_Alter	修改 XML 文件中的内容
	删除	btn_Delete	删除 XML 文件中的内容
dataGridView1 控件		dataGridView1	显示 XML 文件中的内容

（2）常用事件。添加窗体加载事件 FrmMain_Load，添加创建按钮单击事件 btn_Build_Click，添加添加按钮单击事件 btn_Add_Click，添加修改按钮单击事件 btn_Alter_Click，添加

删除按钮单击事件 btn _ Delete _ Click，添加 dataGridView 控件单击单元格事件 dataGridView1_CellClick，添加数据绑定到 dataGridView 控件方法 getXmlInfo。

添加窗体加载事件代码如下。

```
private void FrmMain_Load(object sender,EventArgs e)
{

}
```

添加创建按钮单击事件代码如下。

```
private void btn_Build_Click(object sender,EventArgs e)
{

}
```

添加添加按钮单击事件代码如下。

```
private void btn_Add_Click(object sender,EventArgs e)
{

}
```

添加修改按钮单击事件代码如下。

```
private void btn_Alter_Click(object sender,EventArgs e)
{

}
```

添加删除按钮单击事件代码如下。

```
private void btn_Delete_Click(object sender,EventArgs e)
{

}
```

添加 dataGridView 控件单击单元格事件代码如下。

```
private void dataGridview1_Cellclick(object sender,DataGridViewCellEventArgs e)
{

}
```

添加数据绑定到 dataGridView 控件代码如下。

```
public void getXmlInfo()
{

}
```

（3）核心代码编写。添加命名空间代码如下。

```
using System.IO;
```

定义变量代码如下。

```
string strPath = Environment.GetFolderPath(Environment.SpecialFolder.Desktop) + "\\123.
xml";//默认 XML 文件存放在桌面
string strID = "";
```

窗体加载事件代码如下。

```
        private void FrmMain_Load(object sender, EventArgs e)
        {
if (File.Exists(strPath))                      //判断 XML 文件是否存在
            {
                groupBox1.Enabled = false；//将容器内的控件设置为不可用
getXmlInfo();                                  //显示 XML 文件中的所有信息
            }
else
                groupBox1.Enabled = true；     //将容器控件设置为可用
        }
```

创建按钮单击事件代码如下。

```
        private void btn_Build_Click(object sender, EventArgs e)
        {
if (textBox5.Text.Trim() == "" || textBox7.Text.Trim() == "" || textBox9.Text.Trim() == "")
            {
MessageBox.Show("不能为空","提示",MessageBoxButtons.OK,MessageBoxIcon.Warning);
return;
            }
XDocument doc = newXDocument(                                    //创建 XML 文档对象
newXDeclaration("1.0","utf-8","yew"),                           //添加 XML 文件声明
newXElement(textBox1.Text,                                      //创建 XML 元素
newXElement(textBox2.Text,newXAttribute(textBox3.Text,textBox10.Text),//为 XML 元素添加属性
newXElement(textBox4.Text,textBox5.Text),
newXElement(textBox6.Text,textBox7.Text),
newXElement(textBox8.Text,textBox9.Text))
                                )
                                );
```

```
doc.Save(strPath);                                          //保存 XML 文档
        groupBox1.Enabled = false;
getXmlInfo();
    }
```

添加按钮单击事件代码如下。

```
        private void btn_Add_Click(object sender, EventArgs e)
        {
XElementxe = XElement.Load(strPath);                //加载 XML 文档
IEnumerable<XElement> elements1 = from element inxe.Elements("People")//创建 IEnumerable 泛
                                                                  型接口
select element;
//生成新的编号
string str = (Convert.ToInt32(elements1.Max(element => element.Attribute("ID").Value)) + 1).
ToString("000");
XElement people = newXElement(                      //创建 XML 元素
"People",newXAttribute("ID",str),                   //为 XML 元素设置属性
newXElement("Name",txtbox_Name.Text),
newXElement("Sex",cbbox_Sex.Text),
newXElement("Salary",txtbox_Salary.Text)
                    );
xe.Add(people);                                     //添加 XML 元素
xe.Save(strPath);                                   //保存 XML 元素到 XML 文件
getXmlInfo();
    }
```

修改按钮单击事件代码如下。

```
        private void btn_Alter_Click(object sender, EventArgs e)
        {
if (strID != "")                        //判断是否选择了编号
        {
XElementxe = XElement.Load(strPath); //加载 XML 文档
IEnumerable<XElement> elements = from element inxe.Elements("People")  //根据编号查找信息
whereelement.Attribute("ID").Value == strID
select element;
if (elements.Count() > 0)               //判断是否找到了信息
        {
XElementnewXE = elements.First();    //获取找到的第一条记录
newXE.SetAttributeValue("ID",strID); //为 XML 元素设置属性值
newXE.ReplaceNodes(                  //替换 XML 元素中的值
newXElement("Name",txtbox_Name.Text),
newXElement("Sex",cbbox_Sex.Text),
newXElement("Salary",txtbox_Salary.Text)
                    );
```

```
                }
xe.Save(strPath);//保存 XML 元素到 XML 文件
            }
getXmlInfo();
        }
```

删除按钮单击事件代码如下。

```
        private void btn_Delete_Click(object sender, EventArgs e)
        {
if (strID != "")                          //判断是否选择了编号
        {
XElementxe = XElement.Load(strPath);  //加载 XML 文档
IEnumerable<XElement> elements = from element inxe.Elements("People")  //根据编号查找信息
whereelement.Attribute("ID").Value == strID
select element;
if (elements.Count() > 0)              //判断是否找到了信息
            {
elements.First().Remove();            //删除找到的 XML 元素信息
            }
xe.Save(strPath);                        //保存 XML 元素到 XML 文件
        }
getXmlInfo();
        }
```

dataGridView 控件单击单元格事件代码如下。

```
        private void dataGridView1_CellClick(object sender, DataGridViewCellEventArgs e)
        {
strID = dataGridView1.Rows[e.RowIndex].Cells[3].Value.ToString();       //记录选中的 ID 编号
XElementxe = XElement.Load(strPath);                                    //加载 XML 文档
IEnumerable<XElement> elements = from element inxe.Elements("People")   //根据编号查找信息
whereelement.Attribute("ID").Value == strID
select element;
foreach (XElement element in elements)                                  //遍历查找到的所有信息
        {
txtbox_Name.Text = element.Element("Name").Value;                      //显示员工姓名
cbbox_Sex.Text = element.Element("Sex").Value;                         //显示员工性别
txtbox_Salary.Text = element.Element("Salary").Value;                 //显示员工薪水
        }
        }
```

数据绑定到 dataGridView 控件方法 getXmlInfo 代码如下。

```
        private void getXmlInfo()
        {
```

```
DataSetmyds = newDataSet();                    //创建 DataSet 数据集对象
myds.ReadXml(strPath);                         //读取 XML 结构
        dataGridView1.DataSource = myds.Tables[0]; //显示 XML 文件中的信息
    }
```

4.5　C#Socket 通信开发练习

4.5.1　实验目的

锻炼 C#开发专项能力,进行 Socket 通信开发练习。

4.5.2　实验设备

Visual Studio 2022 版本开发工具。

4.5.3　实验原理

System. Threading 命名空间:Thread 类,创建并控制线程,设置其优先级并获取其状态。System. Net 命名空间包含具有以下功能的类:提供适用于许多网络协议的简单编程接口,以编程方式访问和更新 System. Net 命名空间的配置设置,定义 Web 资源的缓存策略,撰写和发送电子邮件,代表多用途 Internet 邮件交换(MIME)标头,访问网络流量数据和网络地址信息,以及访问对等网络功能。另外,其他子命名空间还能让用户以受控方式实现 Windows 套接字(Winsock)接口,能让用户访问网络流以实现主机之间的安全通信。

System. Net. Sockets 命名空间:为需要严密控制网络访问的开发人员提供了 Windows Sockets(Winsock)接口的托管实现。TcpClient、TcpListener 和 UdpClient 类封装有关创建到 Internet 的 TCP 和 UDP 连接的详细信息。

线程,有时也被称为轻量级进程(Lightweight Process,LWP),是程序执行流的最小单元。一个标准的线程由线程 ID、当前指令指针(PC)、寄存器集合和堆栈组成。另外,线程是进程中的一个实体,是被系统独立调度和分派的基本单位,线程自己不拥有系统资源,只拥有一些在运行中必不可少的资源,但它可与同属一个进程的其他线程共享进程所拥有的全部资源。一个线程可以创建和撤销另一个线程,同一进程中的多个线程之间可以并发执行。由于线程之间的相互制约,致使线程在运行中呈现出间断性。线程也有就绪、阻塞和运行三种基本状态。就绪状态是指线程具备运行的所有条件,逻辑上可以运行,在等待处理机;阻塞状态是指线程在等待一个事件(如某个信号量),逻辑上不可执行;运行状态是指线程占有处理机正在运行。每一个程序都至少有一个线程,若程序只有一个线程,那就是程序本身。

线程是程序中一个单一的顺序控制流程。进程内一个相对独立的、可调度的执行单元,是系统独立调度和分派 CPU 的基本单位指运行中的程序的调度单位。在单个程序中同时运行多个线程完成不同的工作,称为多线程。

4.5.4 程序界面设计

1. Socket 通信服务器端设计

（1）Socket 通信服务器端设计—创建项目。打开 Visual Studio，单击【创建新项目】，选择【Visual C♯】→【Windows 窗体应用程序】，输入名称后选择存储路径，然后单击【下一步】，其界面设计显示如图 4-11 所示，其控件属性设置见表 4-5。

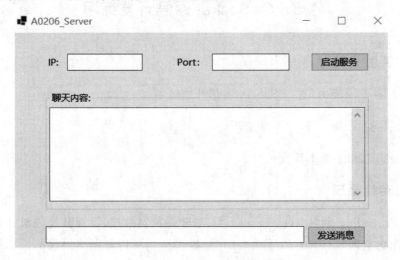

图 4-11　Socket 通信服务器端界面设计显示

表 4-5　Socket 通信服务器端控件属性设置

控件名称	Text 属性	Name 属性	功能
Form 窗体	A0206_Server	FrmMain_Server	
Label 控件	IP	label1	
	Port	label2	
TextBox 控件		txtbox_IP	显示 IP 地址
		txtbox_Port	显示端口号
		txtbox_SendMessage	发送信息的输入
		txtbox_ShowMessage	显示发送和接收的消息
Button	启动服务	btn_Start	
	发送消息	btn_SendMessage	向客户端发送消息
GroupBox	聊天内容	groupBox1	

（2）常用事件。添加窗体加载事件 FrmMain_Load，添加启动服务按钮单击事件 btn_Start_Click，添加发送信息按钮单击事件 btn_SendMessage_Click。

2. Socket 通信客户端设计

（1）创建项目。打开 Visual Studio，单击【创建新项目】，选择【Visual C♯】→【Windows 窗体应用程序】，输入名称后选择存储路径，然后单击【下一步】，其界面设计显示如图 4-12 所示，其控件属性设置见表 4-6。

图 4-12　Socket 通信客户端界面设计显示

表 4-6　Socket 通信客户端控件属性设置

控件名称	Text 属性	Name 属性	功能
Form 窗体	A0206_Client	FrmMain_Client	
Label 控件	IP	label1	
	Port	label2	
TextBox 控件		txtbox_IP	显示 IP 地址
		txtbox_Port	显示端口号
		txtbox_SendMessage	发送信息的输入
		txtbox_ShowMessage	显示发送和接收的消息
Button	建立连接	btn_Start	与服务器端建立连接
	发送消息	btn_SendMessage	向服务器端发送消息
GroupBox	聊天内容	groupBox1	

（2）常用事件。添加窗体加载事件 FrmMain_Load；添加发送信息按钮单击事件 btn_SendMessage_Click。

（3）核心代码编写。了解多线程的原理，然后根据示例代码编写程序。

添加命名空间代码如下。

```
using System.Threading;
using System.Net;
using System.Net.Sockets;
```

定义变量代码如下。

```
    ThreadthreadWatch = null;      //负责监听客户端的线程
SocketsocketWatch = null;          //负责监听客户端的套接字
```

```
        SocketsocConnection = null;//创建一个负责和客户端的套接字
```

添加构造函数语句代码如下。

```
        public Threads()
        {
InitializeComponent();
CheckForIllegalCrossThreadCalls = false;//不捕获对错误线程的调用错误
        }
```

添加窗体加载事件代码如下。

```
        private void FrmMain_Load(object sender, EventArgs e)
        {
txtbox_IP.Text = Dns.GetHostByName(Dns.GetHostName()).AddressList[0].ToString();//得到本
                                                                        机 IP
txtbox_Port.Text = "5889";
        }
```

添加启动服务按钮单击事件代码如下。

```
        private void btn_Start_Click(object sender, EventArgs e)
        {
//定义一个套接字用于监听客户端发来的消息,包含 3 个参数(IP4 寻址协议,流式连接,TCP 协议)
socketWatch = newSocket(AddressFamily.InterNetwork,SocketType.Stream,ProtocolType.Tcp);
//服务端发送消息需要 1 个 IP 地址和端口号
IPAddressipaAddress = IPAddress.Parse(txtbox_IP.Text.Trim());//获得文本框输入的 IP 地址
//将 IP 地址和端口号绑定到网络节点 endpoint 上
IPEndPointendPoint = newIPEndPoint(ipaAddress,int.Parse(txtbox_Port.Text.Trim()));
//监听绑定的网络节点
socketWatch.Bind(endPoint);
//将套接字的监听队列长度限制为 20
socketWatch.Listen(20);
//启动服务按钮不可用
btn_Start.Enabled = false;
//创建一个监听线程
threadWatch = newThread(WatchConnecting);
//将窗体线程设置为后台同步
threadWatch.IsBackground = true;
//启动线程
threadWatch.Start();
//启动线程后 txtbox_ShowMessage 文本框显示相应提示
txtbox_ShowMessage.AppendText("开始监听客户端传来的信息...\r\n");
        }
```

监听客户端代码如下。

```
        private void WatchConnecting()
        {
while (true)//持续不断监听客户端发来的请求
            {
socConnection = socketWatch.Accept();
txtbox_ShowMessage.AppendText("客户端连接成功! \r\n");
//发送消息按钮可用
btn_SendMessage.Enabled = true;
//创建一个通信线程
Threadthr = newThread(newParameterizedThreadStart(ServerRecMsg));
thr.IsBackground = true;
thr.Start(socConnection);
            }
        }
```

接收客户端数据代码如下。

```
        private void ServerRecMsg(objectsocketClientPara)
        {
SocketsocketServer = socketClientParaasSocket;
while (true)
            {
try
                {
//创建一个内存缓冲区其大小为 1024 * 1024 字节,即 1M
byte[] arrServerRecMsg = newbyte[1024 * 1024];
//将接收到的信息存入到内存缓冲区,并返回其字节数组的长度
int length = socketServer.Receive(arrServerRecMsg);
//将机器接收到的字节数组转换为人可以读懂的字符串
string strSRecMsg = Encoding.ASCII.GetString(arrServerRecMsg, 0, length);
//将发送的字符串信息附加到文本框 txtbox_ShowMessage 上
txtbox_ShowMessage.AppendText("\r\nClient: " + strSRecMsg + "    " + DateTime.Now + "\r\n");
                }
catch
                {
txtbox_ShowMessage.AppendText("\r\n 客户端,断开了连接! \r\n");
//发送消息按钮不可用
btn_SendMessage.Enabled = false;
break;
                }
            }
        }
```

发送信息代码如下。

```
        private void ServerSendMsg(stringsendMsg)
        {
```

```
//将输入的字符串转换成机器可以识别的字节数组
byte[] arrSendMsg = Encoding.UTF8.GetBytes(sendMsg);
//向客户端发送字节数组信息
socConnection.Send(arrSendMsg);
//将发送的字符串信息附加到文本框 txtbox_ShowMsg 上
txtbox_ShowMessage.AppendText("\r\nServer:" + sendMsg + "    " + DateTime.Now + "\r\n");
        }
```

添加发送信息按钮单击事件代码如下。

```
        private void btn_SendMessage_Click(object sender, EventArgs e)
        {
//调用 ServerSendMsg 方法发送信息到客户端
ServerSendMsg(txtbox_SendMessage.Text.Trim());
txtbox_SendMessage.Clear();//清空
        }
```

添加命名空间代码如下。

```
using System.Threading;
using System.Net;
using System.Net.Sockets;
```

定义变量代码如下。

```
        ThreadthreadClient = null;   //负责监听服务端的线程
SocketsocketClient = null;           //负责监听服务端的套接字
```

添加构造函数语句代码如下。

```
        public FrmMain_Client()
        {
InitializeComponent();
//关闭对文本框的非法线程操作检查
TextBox.CheckForIllegalCrossThreadCalls = false;
        }
```

添加窗体加载事件代码如下。

```
        private void FrmMain_Load(object sender, EventArgs e)
        {
txtbox_IP.Text = Dns.GetHostByName(Dns.GetHostName()).AddressList[0].ToString();//得到本
                                                                                机 IP
txtbox_Port.Text = "5889";
        }
```

添加建立连接按钮单击事件 btn_Start_Click 代码如下。

```csharp
        private void btn_Start_Click(object sender, EventArgs e)
        {
//定义一个套字节监听包含3个参数(IP4寻址协议,流式连接,TCP协议)
socketClient = newSocket(AddressFamily.InterNetwork, SocketType.Stream, ProtocolType.Tcp);
//需要获取文本框中的IP地址
IPAddressipaddress = IPAddress.Parse(txtbox_IP.Text.Trim());
//将获取的ip地址和端口号绑定到网络节点endpoint上
IPEndPoint endpoint = newIPEndPoint(ipaddress, int.Parse(txtbox_Port.Text.Trim()));
//这里客户端套接字连接到网络节点(服务端)用的方法是Connect而不是Bind
socketClient.Connect(endpoint);
//在txtbox_ShowMessage文本框中显示连接建立的信息
txtbox_ShowMessage.AppendText("与服务器端连接建立成功！\r\n");
//发送消息按钮可用
btn_SendMessage.Enabled = true;
//创建一个线程用于监听服务端发来的消息
threadClient = newThread(RecMsg);
//将窗体线程设置为与后台同步
threadClient.IsBackground = true;
//启动线程
threadClient.Start();
        }
```

接收服务端发来消息代码如下。

```csharp
        private void RecMsg()
        {
while (true) //持续监听服务端发来的消息
            {
try
                {
//定义一个1M的内存缓冲区用于临时性存储接收到的信息
byte[] arrRecMsg = newbyte[1024 * 1024];
//将客户端套接字接收到的数据存入内存缓冲区,并获取其长度
int length = socketClient.Receive(arrRecMsg);
//将套接字获取到的字节数组转换为人可以看懂的字符串
string strRecMsg = Encoding.UTF8.GetString(arrRecMsg, 0, length);
//将发送的信息追加到聊天内容文本框中
txtbox_ShowMessage.AppendText("\r\nServer：" + strRecMsg + "    " + DateTime.Now + "\r\n");
                }
catch
                {
txtbox_ShowMessage.AppendText("\r\n 服务器端,断开了连接！\r\n");
//发送消息按钮不可用
btn_SendMessage.Enabled = false;
break;
                }
            }
        }
```

发送信息代码如下。

```
        private void ClientSendMsg(stringsendMsg)
        {
//将输入的内容字符串转换为机器可以识别的字节数组
byte[] arrClientSendMsg = Encoding.UTF8.GetBytes(sendMsg);
//调用客户端套接字发送字节数组
socketClient.Send(arrClientSendMsg);
//将发送的信息追加到聊天内容文本框中
txtbox_ShowMessage.AppendText("\r\nClient: " + sendMsg + "    " + DateTime.Now + "\r\n");
        }
```

添加发送信息按钮单击事件代码如下。

```
        private void btn_SendMessage_Click(object sender, EventArgs e)
        {
//调用 ClientSendMsg 方法将文本框中输入的信息发送给服务端
ClientSendMsg(txtbox_SendMessage.Text.Trim());
txtbox_SendMessage.Clear();//清空
        }
```

4.6　C♯WSN 网关连接开发练习

4.6.1　实验目的

锻炼 C♯ 开发专项能力,了解如何与 WSN 网关建立连接的基本方法,了解"Ping"WSN 网关的基本方法。

4.6.2　实验设备

Visual Studio 2022 版本开发工具。

4.6.3　实验原理

连接网关参数设置见表 4-7。

表 4-7　连接网关参数设置

函数	public bool Connect(string ipAddr,int ipPort)
函数描述	连接到网关
参数 1	ipAdd:网关 IPr
参数 2	ipPort 网关端口
返回值	连接成功返回 true,连接失败返回 false
示例	bool value =gateWay.Connect()
备注	示例中的 gateWay 为 GateWay 类的一个实例,下同

断开网关参数设置见表 4-8。

表 4-8　断开网关连接参数设置

函数	public bool Disconnect()
函数描述	断开连接的网关
参数	无
返回值	连接成功返回 true,连接失败返回 false
示例	bool value = gateWay. Disconnect()
备注	

Ping 指令参数设置见表 4-9。

表 4-9　Ping 指令参数设置

函数	public void Ping()
函数描述	与网关取得连接
参数	无
返回值	无
示例	gateWay. Ping()
备注	

4.6.4　程序界面设计

1. WSN 网关连接

（1）WSN 网关设计—创建项目。打开 Visual Studio,单击【创建新项目】,选择【Visual C#】→【Windows 窗体应用程序】,输入名称后选择存储路径,然后单击【下一步】,其界面设计显示如图 4-13 所示,其控件属性设置见表 4-10。

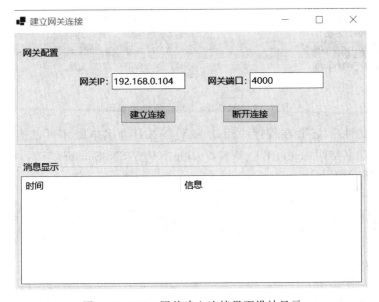

图 4-13　WSN 网关建立连接界面设计显示

表 4-10　WSN 网关建立连接控件属性设置

控件名称	控件 Text 属性	控件 Name 属性	功能
From 窗体	建立网关连接	FrmConnect	
Lable 控件	网关 IP	lable1	提示
Lable 控件	网关端口	lable2	提示
Textbox 控件	192.168.0.104	txt_IPAddr	网关 IP
Textbox 控件	4000	txt_IPPort	网关端口号
Button 控件	建立连接	btn_Connect	与网关连接建立
Button 控件	断开连接	btn_DisConnect	断开与网关的连接
ListView 控件	消息显示	lv_Message	显示操作信息

（2）核心代码编写。在编写程序之前,首先右击引用本程序目录下的 Debug 文件夹下的 KV_WSN 接口,然后选择根目录下的接口名,双击该文件,单击确定,添加接口就完成了,如图 4-14 所示。

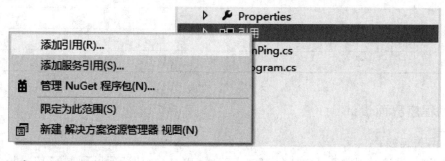

图 4-14　WSN 网关建立连接接口添加

在添加完类文件后,还要在程序中引用"KV_WSN"命名空间才可以使用这些类。引用 KV_WSN_DLL 命名空间:using KV_WSN;using KV_WSN.Sensor。

字段信息代码如下。

```
private Gateway gateWay = new GateWay();          网关对象
private delegate void ShowMessageDel(string msg);显示消息的委托
```

窗体加载代码如下。

```
private void FormConnect_Load(object sender, EventArgs e)
```

```
            {
try
                {
                String strHostName = Dns.GetHostName();
IPHostEntryipEntry = Dns.GetHostByName(strHostName);
txt_IPAddr.Text = ipEntry.AddressList[0].ToString();
txt_IPAddr.Text = ipEntry.AddressList[0].ToString();
                }
catch (Exception err)
                {
this.txt_IPAddr.Text = "";
ShowMessage(err.Message);
                }
                }
```

获取本地 IP 到 TextBox 控件里,建立连接代码如下。

```
private void btn_Connect_Click(object sender, EventArgs e)
        {
//连接网关执行语句,传入 IP 地址和端口
if (gateWay.Connect(txt_IPAddr.Text.Trim(), int.Parse(txt_IPPort.Text.Trim())))
            {
ShowMessage("建立网关连接成功!");
            }
else
            {
ShowMessage("建立网关连接失败!");
            }
            }
```

调用 GateWay 对象的 Connect( )方法建立通道,如果建立成功,则 GateWay 的 Connect 方法返回值为 true;反之,则为 false。

断开连接代码如下。

```
private void btn_DisConnect_Click(object sender, EventArgs e)
        {
if (g//断开网关连接
gateWay.DisConnect())
            {
ShowMessage("断开网关连接成功!");
            }
else
            {
ShowMessage("断开网关连接失败!");
            }
            }
```

调用 GateWay 对象的 DIsConnect( )方法断开，如果断开成功，则 GateWay 的 DIsConnect 方法返回值为 true；反之，则为 false。

显示消息到 ListView 控件代码如下。

```
private void ShowMessage(string msg)
        {
if (lv_Message. InvokeRequired)
          {
ShowMessageDel d = newShowMessageDel(ShowMessage);
this. Invoke(d, msg);
          }
else
          {
ListViewItem item = newListViewItem();
item. Text = DateTime. Now. ToString();
item. SubItems. Add(msg);
lv_Message. Items. Insert(0, item);
          }
        }
```

2. "Ping"WSN 连接

(1)"Ping"WSN 网关设计—创建项目。打开 Visual Studio，单击【创建新项目】，选择【Visual C#】→【Windows 窗体应用程序】，输入名称后选择存储路径，然后单击【下一步】，其界面设计显示如图 4-15 所示，其控件属性设置见表 4-11。

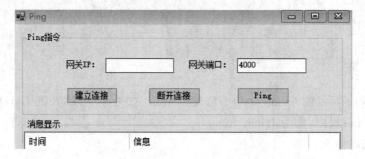

图 4-15 "Ping"WSN 网关界面设计显示

表 4-11 "Ping"WSN 网关控件属性设置

控件名称	控件 Text 属性	控件 Name 属性	功能
From 窗体	Ping	FrmPing	
Lable 控件	网关 IP	lable1	提示
Lable 控件	网关端口	lable2	提示
Textbox 控件	192.168.0.104	txt_IPAddr	网关 IP
Textbox 控件	4000	txt_IPPort	网关端口号
Button 控件	建立连接	btn_Connect	与网关连接建立
Button 控件	断开连接	btn_DisConnect	断开与网关的连接
Button 控件	Ping	btn_PIng	Ping 网关
ListView 控件	消息显示	Lv_Message	显示操作信息

（2）核心代码编写。在编写程序之前,首先右击引用本程序目录下的 Debug 文件夹下的 KV_WSN 接口,然后选择根目录下的接口名,双击该文件,单击确定,添加接口就完成了,如图 4-16 所示。

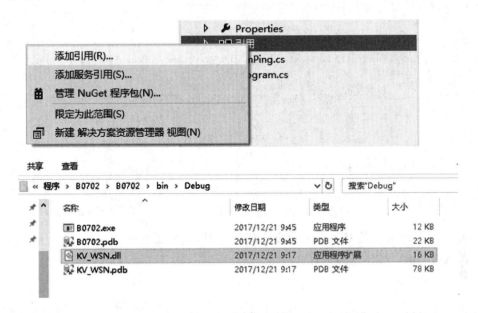

图 4-16　WSN“Ping”接口添加

在添加完类文件后,还要在程序中引用“KV_WSN”命名空间才可以使用这些类。引用 KV_WSN 命名空间:using KV_WSN;using KV_WSN. Sensor。

字段信息代码如下。

```
private Gateway gateWay = new GateWay()网关对象;
private delegate void ShowMessageDel(string msg);    显示消息的委托
```

窗体加载代码如下。

```
private void FormConnect_Load(object sender, EventArgs e)
        {
try
            {
                String strHostName = Dns.GetHostName();
IPHostEntryipEntry = Dns. GetHostByName(strHostName);
txt_IPAddr.Text = ipEntry. AddressList[0]. ToString();
txt_IPAddr.Text = ipEntry. AddressList[0]. ToString();
            }
catch (Exception err)
            {
this.txt_IPAddr.Text = "";
ShowMessage(err.Message);
            }
        }
```

获取本地 IP 到 Textbox 控件里。

建立连接代码如下。

```
private void btn_Connect_Click(object sender, EventArgs e)
        {
//连接网关执行语句,传入 IP 地址和端口
if (gateWay.Connect(txt_IPAddr.Text.Trim(), int.Parse(txt_IPPort.Text.Trim())))
        {
ShowMessage("建立网关连接成功!");
        }
else
        {
ShowMessage("建立网关连接失败!");
        }
        }
```

调用 GateWay 对象的 Connect( )方法建立通道,如果建立成功,则 GateWay 的 Connect 方法返回值为 true;反之,则为 false。

断开连接代码如下。

```
private void btn_DisConnect_Click(object sender, EventArgs e)
        {
//断开网关连接
if (gateWay.DisConnect())
        {
ShowMessage("断开网关连接成功!");
        }
else
        {
ShowMessage("断开网关连接失败!");
        }
        }
```

调用 GateWay 对象的 DIsConnect( )方法断开连接,如果断开成功,则 GateWay 的 DIsConnect 方法返回值为 true;反之,则为 false。

Ping 网关代码如下。

```
private void btn_Ping_Click(object sender, EventArgs e)
        {
//执行 GateWay 对象里的 Ping 方法
gateWay.Ping();
ShowMessage("发送 Ping 指令成功!");
        }
```

调用 GateWay 对象的 GateWay.Ping ( )方法。

显示消息到 ListView 控件代码如下。

```
private void ShowMessage(string msg)
        {
if (lv_Message.InvokeRequired)
            {
ShowMessageDel d = newShowMessageDel(ShowMessage);
this.Invoke(d, msg);
            }
else
            {
ListViewItem item = newListViewItem();
item.Text = DateTime.Now.ToString();
item.SubItems.Add(msg);
lv_Message.Items.Insert(0, item);
            }
        }
```

第 5 章　物联网虚拟仿真实训

5.1　虚拟仿真实训平台

5.1.1　平台介绍

物联网虚拟仿真实验平台 V 2.0（如图 5-1 所示）是一个模拟物联网硬件的平台，该平台仿真了 RFID 各个频段的设备、WSN 网关及二十几种常见传感器、NB-IoT 传感器、LoRa 网关及传感器、Wi-Fi 路由器、网关及 Wi-Fi 传感器、433 MHz 网关及传感器、蓝牙网关及传感器，并且该平台具有与真实设备一致的开发接口，常见的物联网应用开发项目均可依托于该平台完成，同时该平台是基于真实硬件设备的接口和原理从而仿真模拟出功能一样的虚拟设备。

图 5-1　平台界面显示

5.1.2　运行环境

在运行该平台时需保证满足以下条件，否则容易出现异常，甚至会导致平台无法正常运行等。

（1）计算机已安装 .NET Framework 4.0 以上版本。

（2）运行系统环境为 Win 7/Win 8/Win 10/Win 11。

（3）计算机配置不能太低，内存 4G 以上为最佳。

（4）计算机可以连接互联网，否则会出现启动缓慢并弹出"连接失败"的提示，以及云端数据管理功能无法使用。

5.2 125 k 门禁实验

5.2.1 实验目的

搭建实验设备后，打开测试程序，通过串口使设备与测试程序进行通信，把标签的韦根号发送给设备，通过判断读取到的韦根号是否已添加，来实现开门操作。

5.2.2 实验设备

RFID 125 k 读写器、RFID 125 k 控制器、RFID 125 k 门禁、PC、5 V 2 A 电源、RFID 125 k 卡片。

5.2.3 实验设计

(1)启动虚拟仿真实验平台，在设备列表中找到 125 k 实验所需设备，将其拖入实验台中，如图 5-2 所示。

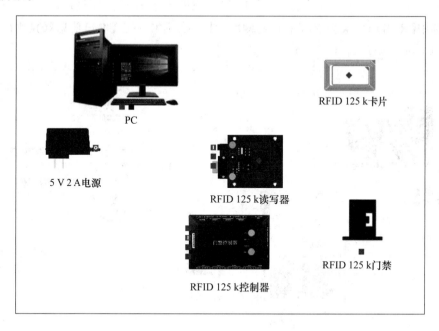

图 5-2 125 k 界面显示

（2）右击【5 V 2 A 电源】的【电源】接口，分别连接【RFID 125 k 读写器】的【电线（通用）】接口和【RFID 125 k 控制器】的【电线（通用）】接口完成连接。右击【RFID 125 k 读写器】的【RFID 射频接口】，进入接线模式，然后单击【RFID 125 k 控制器】的【读写器接口】；右击【RFID 125 k 控制器】的【门禁接口】，进入接线模式，然后单击【RFID 125 k 门禁】的【控制器接口】完成连接，使读写器、门禁与控制器相连，右击【RFID 125 k 控制器】的【RS485（TIA/EIA-

485)】接口,单击【PC】的【RS485】接口完成连接,整体连接如图 5-3 所示。

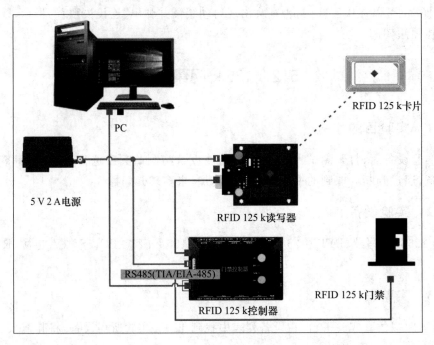

图 5-3　125 k 连接图

(3) 选中【RFID 125 k 控制器】,在右侧属性栏的插件中单击【串口信息】的【执行】按钮,可以查看当前设备的串口,如图 5-4 所示。

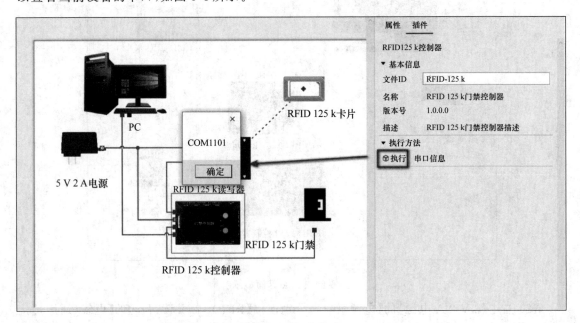

图 5-4　串口查看显示

(4) 在【开始】菜单栏中找到 RFID 测试程序,打开 125 k 门禁控制器,再测试并选择与 RFID 125 k 控制器一致的串口号,单击【打开】指令,使测试程序与 RFID 125 k 控制器建立通信,如图 5-5 所示。

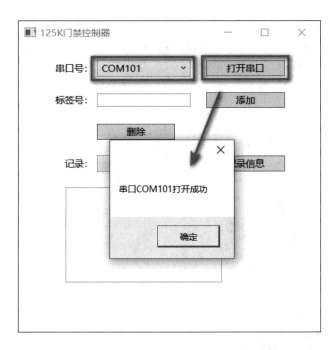

图 5-5　测试程序界面

（5）选中【RFID 125 k 卡片】，在右侧属性栏的插件中单击【卡片内部信息】的【执行】按钮，查看韦根号，如图 5-6 所示。在标签属性中复制韦根号，把复制的韦根粘贴到测试程序中，进行注册，如图 5-7 所示。

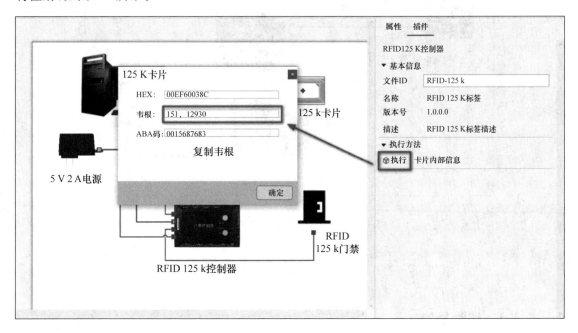

图 5-6　韦根号界面

（6）在虚拟仿真平台中，把 125 k 卡片从 125 k 读写器场区外拖入场区内，实现"开门"效果，如图 5-8 所示。

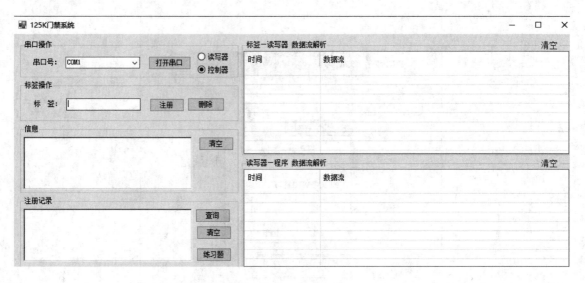

图 5-7   系统注册界面

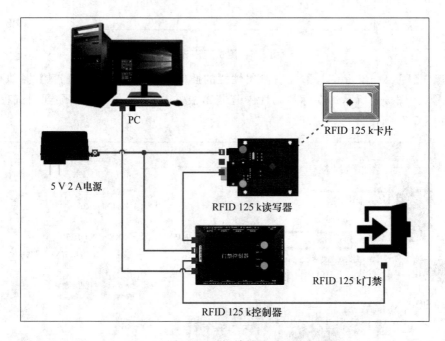

图 5-8   开门效果显示

5.3   RFID 14443 数据读写实验

5.3.1   实验目的

在虚拟仿真实验平台中搭建好设备,启动测试程序,通过串口通信,读取 ISO 14443 标签号,选择读取的标签进行数据块的读写操作,以及电子钱包操作。

5.3.2　实验设备

RFID 14443 读写器、RFID 14443 标签、5 V 2 A 电源、PC。

5.3.3　实验设计

(1)启动虚拟仿真实验平台,在设备列表中找到 RFID 14443 实验所需设备,将其拖入实验台中,如图 5-9 所示。

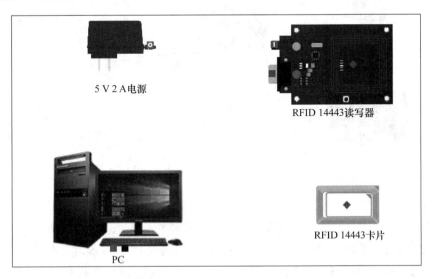

图 5-9　RFID 14443 界面显示

(2) 右击【5 V 2 A 电源】的【电源】接口,单击【RFID 14443 读写器】的【电线(通用)】接口完成连接,右击【RFID 14443 读写器】的【RS485(TIA/EIA-485)】接口,进入接线模式,然后单击【PC】的【RS485】接口完成连接,如图 5-10 所示。

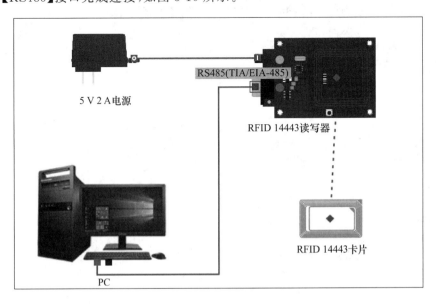

图 5-10　RFID 14443 连接图

（3）选中【RFID 14443 读写器】，在右侧属性栏的插件中单击【串口信息】的【执行】按钮，可以查看当前设备的串口，如图 5-11 所示。

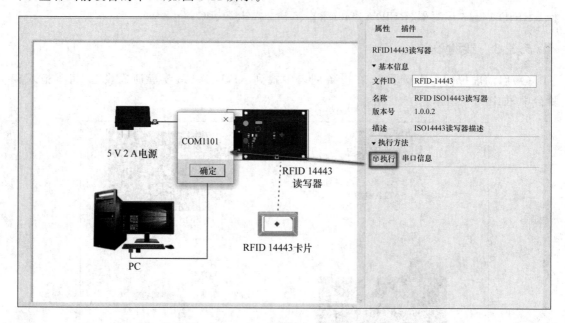

图 5-11　串口查看显示

（4）在【开始】菜单栏中找到 RFID 测试程序，选择 14443 读写器，再测试并选择与 14443 读写器一致的串口号，单击【打开】指令，使测试程序与 14443 读写器建立通信，操作结果会在信息栏中显示，如图 5-12 所示。

图 5-12　RFID 14443 测试界面

（5）把标签拖入读写器厂区内，发送【请求所有】指令，使标签与读写器建立通信链路，然后单击【寻卡】按钮，读取到卡号显示在文本框中，如图 5-13 所示。

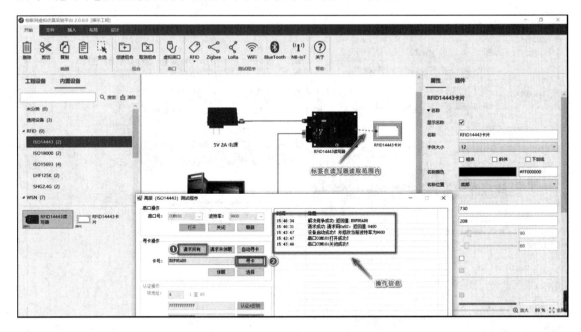

图 5-13　RFID 14443 寻卡界面

（6）选中【RFID 14443 卡片】，在右侧属性栏的插件中单击【卡片内部信息】的【执行】按钮，查看标签属性中的标签号与读取的数据是否一致，如图 5-14 所示。

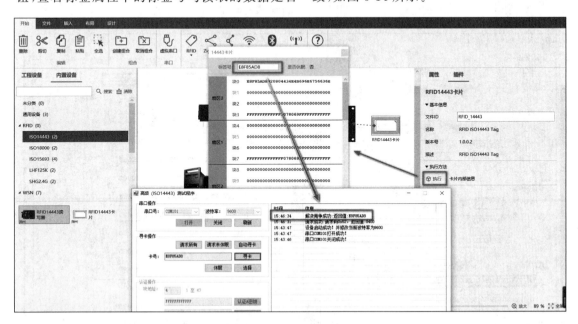

图 5-14　标签查看界面

（7）读取到标签号后，单击【选择】指令，然后选择需要认证的块地址，输入密钥 A、B（这里默认密钥为六个字节的 FF），如图 5-15 所示。

（8）密钥认证成功后，可以读取/写入认证块所属的扇区内数据块的数据，如刚才认证的是块 4,因为块 4 在扇区 1 内,所以可以对扇区 1 内的数据块进行读取/写入操作。读取数据如图 5-16 所示,写入数据如图 5-17 所示。

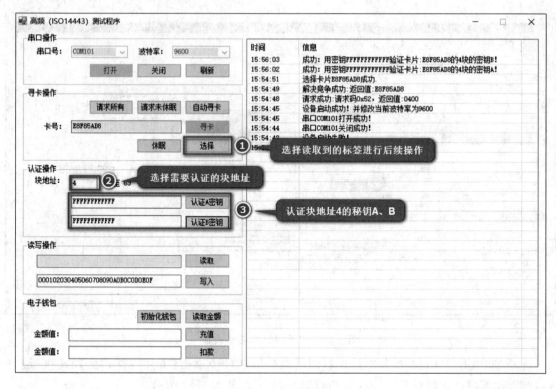

图 5-15　验证密钥界面

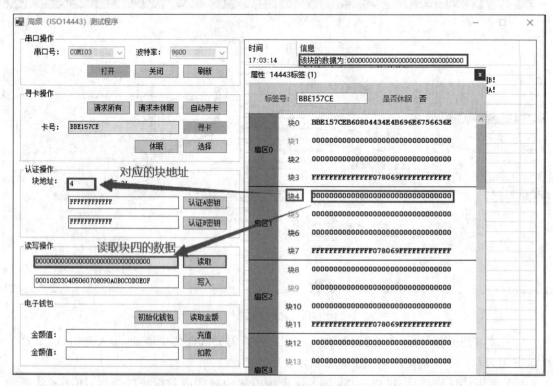

图 5-16　读取数据界面

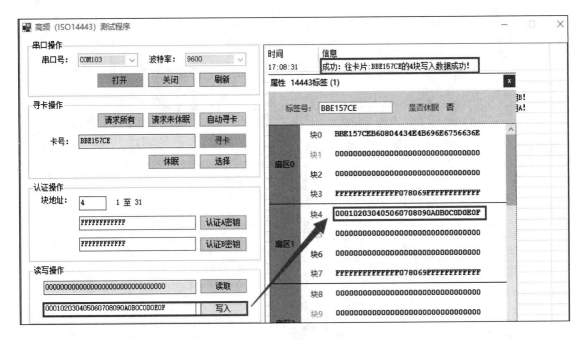

图 5-17　写入数据界面

（9）对块地址进行密钥验证后，可以将其设置为电子钱包，单击【初始化电子钱包】指令，该地址就设置为电子钱包格式，如图 5-18 所示，设置为电子钱包格式后，可以对钱包进行充值、扣款操作，如图 5-19 所示。

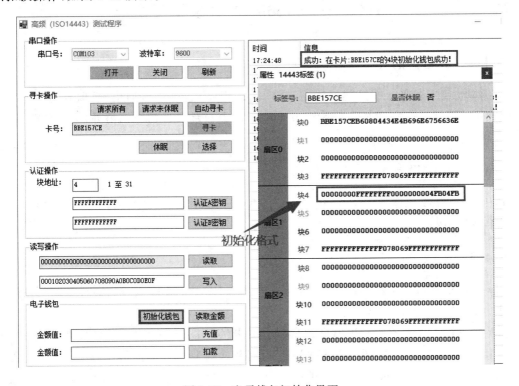

图 5-18　电子钱包初始化界面

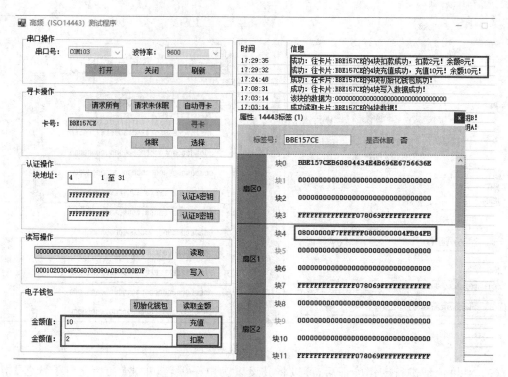

图 5-19　电子钱包操作界面

5.4　RFID 15693 数据读写实验

5.4.1　实验目的

在虚拟仿真实验平台中搭建好设备，启动测试程序，通过串口通信，读取到 RFID 15693 标签号，并对标签进行数据读写等操作，在测试程序中显示操作信息。另外，连接多路复用器切换天线，循环获取不同通道的标签号。

5.4.2　实验设备

RFID 15693 读写器、RFID 15693 天线、RFID 15693 卡片、PC、9 V 1.5 A 电源、RFID 15693 多路复用器。

5.4.3　实验设计

（1）启动虚拟仿真实验平台，在设备列表中找到 RFID 15693 实验所需设备，将其拖入实验台中，如图 5-20 所示。

（2）右击【9 V 1.5 A 电源】的【电源】接口，单击【RFID 15693 读写器】的【电线（通用）】接口完成接电，右击【RFID 15693 天线】的【RFID 射频接口】接口，单击【RFID 15693 读写器】的【RFID 射频接口】接口完成连接，右击【RFID 15693 读写器】的【RS485（TIA/EIA-485）】接口，单击【PC】的【RS485】接口完成连接，整体连接如图 5-21 所示。

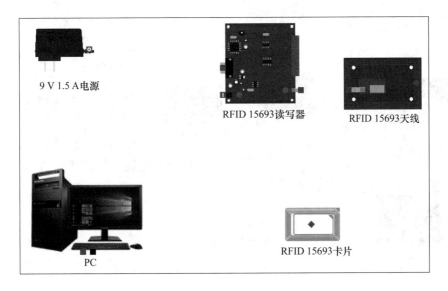

图 5-20　RFID 15693 界面显示

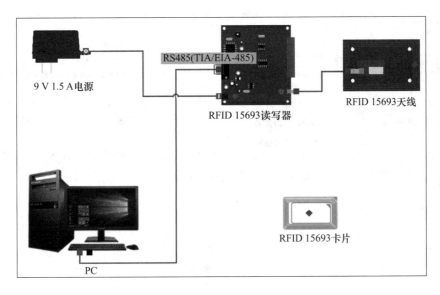

图 5-21　RFID 15693 连接图

（3）选中【RFID 15693 读写器】，在右侧属性栏的插件中单击【串口信息】的【执行】按钮，可以查看当前设备的串口，如图 5-22 所示。

（4）在【开始】菜单栏中找到 RFID 测试程序，选择 15693 读写器，再测试并选择与 15693 读写器一致的串口号，单击【打开】指令，使测试程序与 15693 读写器建立通信，操作结果会在信息栏中显示，如图 5-23 所示。

（5）把 15693 卡片拖入天线范围内，选择寻卡模式，数字信号调制方式使用默认，然后单击【寻卡】，读取到卡号显示在右侧文本框中，如图 5-24 所示。

（6）选中【RFID 15693 卡片】，在右侧属性栏的插件中单击【卡片内部信息】的【执行】按钮，查看卡片的标签号与读取的数据是否一致，读取到卡号后，选中读取单个数据块，右侧会显示读取单个数据块的操作，读取和写入单个数据块的操作如图 5-25 和图 5-26 所示。

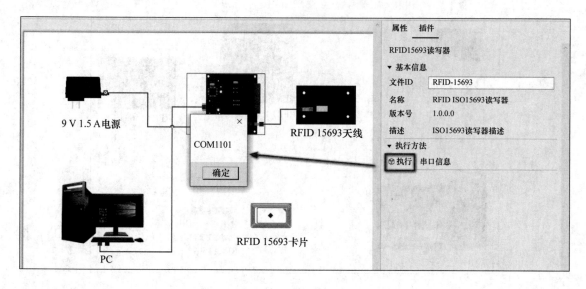

图 5-22　串口查看显示

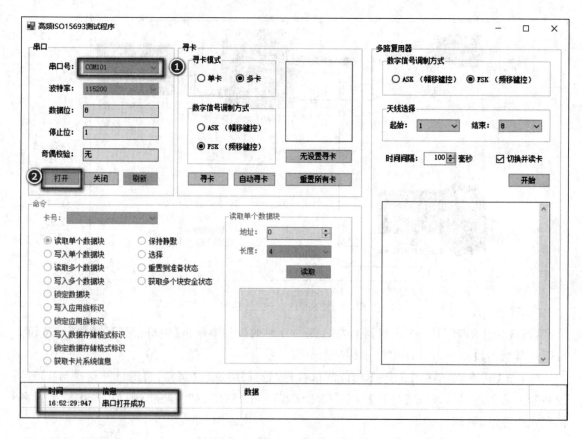

图 5-23　RFID 15693 测试界面

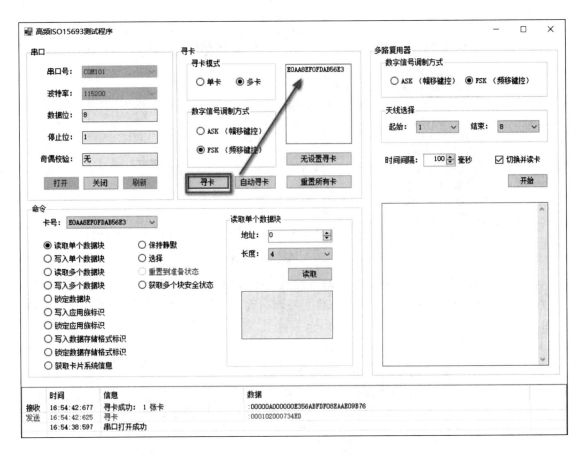

图 5-24　RFID 15693 寻卡界面

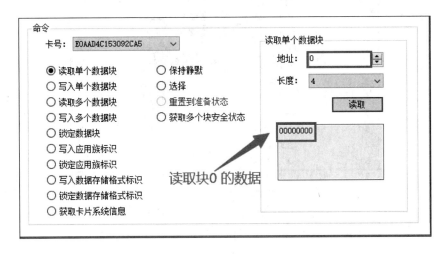

图 5-25　读取单个数据块界面

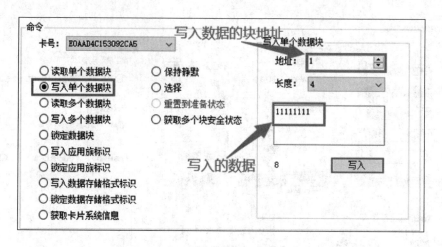

图 5-26　写入单个数据块界面

（7）选中【RFID 15693 卡片】，在右侧属性栏的插件中单击【卡片内部信息】的【执行】按钮，查看标签属性中块 0 的数据与读取的数据是否一致，查看写入块 1 的数据是否写入成功，如图 5-27 所示。

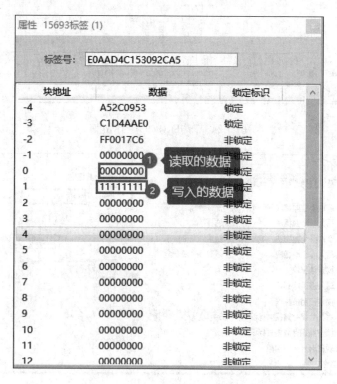

图 5-27　信息查看界面

（8）读取到卡号后，选中读取多个数据块，右侧会显示读取多个数据块的操作，然后选择需要读取的起始块与长度，单击【读取】按钮，如图 5-28 所示。选中写入多个数据块，右侧会显示写入多个数据块的操作，然后选择需要输入数据的起始块以及长度，单击【写入】按钮，如图 5-29 所示。

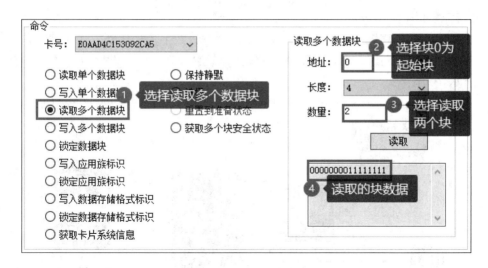

图 5-28 读取多个数据块界面

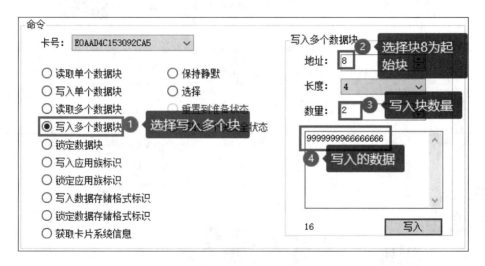

图 5-29 写入多个数据块界面

（9）选中【RFID 15693 卡片】，在右侧属性栏的插件中单击【卡片内部信息】的【执行】按钮，查看标签属性中块 0、1 的数据与读取的数据是否一致，查看写入块数据是否写入成功。

（10）右击【9 V 1.5 A 电源】的【电源】接口，分别单击【RFID 15693 读写器】的【电线（通用）】接口和【RFID 15693 多路复用器】的【电线（通用）】接口完成连接，右击【RFID 15693 天线】的【RFID 射频接口】接口，单击【RFID 15693 多路复用器】的【RFID 射频接口】接口连接多路复用器，再选中【RFID15693 多路复用器】的【通道 1】接口，单击【RFID 15693 天线】的【RFID 射频接口】连接天线（另外两根天线同样操作，多路复用器可以接八根天线），右击【RFID 15693 读写器】的【RS485（TIA/EIA-485）】接口，单击【PC】的【RS485】接口完成连接，如图 5-30 所示。

（11）选中【RFID 15693 读写器】，在右侧属性栏的插件中单击【串口信息】的【执行】按钮，可以查看当前设备的串口，如图 5-31 所示。

（12）在【开始】菜单栏中找到 RFID 测试程序，选择 15693 读写器，再测试并选择与 15693 读写器一致的串口号，单击【打开】指令，使测试程序与 15693 读写器建立通信，操作结果会在信息栏中显示,如图 5-32 所示。

(13) 把 15693 卡片拖入天线范围内,选择寻卡模式,数字信号调制方式使用默认,可以设置读取的天线以及设置读取时间间隔,然后单击【开始】,读取到卡号显示在下方文本框中,如图 5-33 所示。

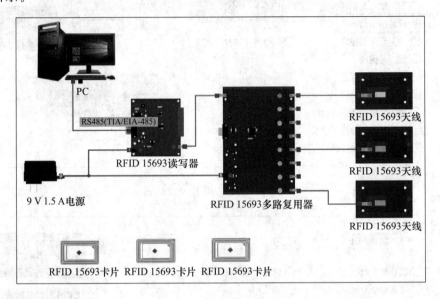

图 5-30 多路复用界面

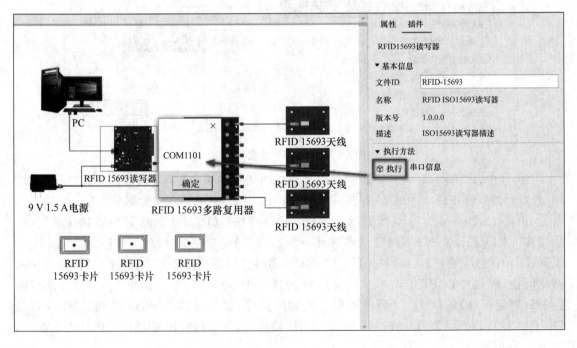

图 5-31 串口信息界面

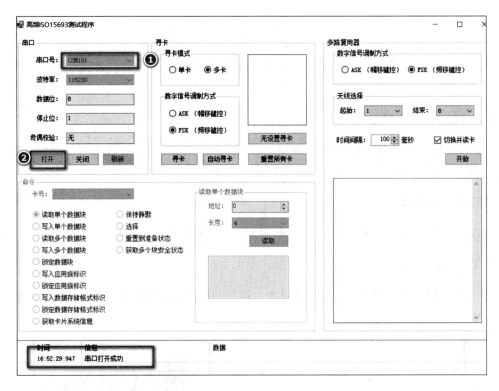

图 5-32　多路复用测试界面

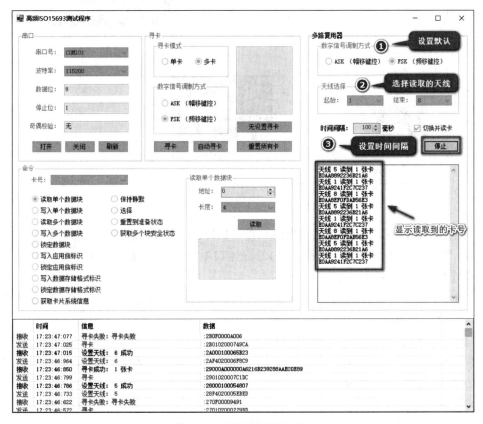

图 5-33　多路复用寻卡界面

5.5　超高频实验

5.5.1　实验目的

在虚拟仿真实验平台中搭建好设备,启动测试程序,通过串口通信读取到 ISO 18000-6C 标签号,并对标签进行数据读写操作,在右侧显示操作信息。

5.5.2　实验设备

RFID 18000 读写器、PC、5 V 2 A 电源、RFID 18000 卡片。

5.5.3　实验设计

(1)启动虚拟仿真实验平台,在设备列表中找到超高频实验所需设备,将其拖入实验台中,如图 5-34 所示。

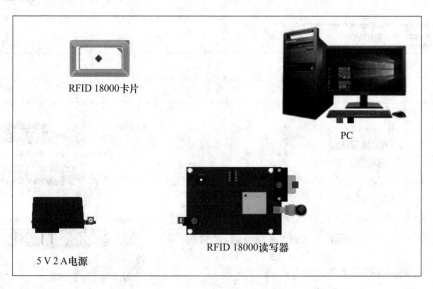

图 5-34　18000-6C 界面显示

(2)右击【5 V 2 A 电源】的【电源】接口,单击【RFID 18000 读写器】的【电线(通用)】接口完成连接,右击【RFID 18000 读写器】的【RS485(TIA/EIA-485)】接口,单击【PC】的【RS485】接口完成连接,如图 5-35 所示。

(3)选中【RFID 18000 读写器】,在右侧属性栏的插件中单击【串口信息】的【执行】按钮,可以查看当前设备的串口,如图 5-36 所示。

(4)在【开始】菜单栏中找到 RFID 测试程序,选择超高频读写器,再测试并选择与超高频读写器一致的串口号,单击【打开】指令,使测试程序与超高频读写器建立通信,操作结果会在信息栏中显示,如图 5-37 所示。

(5)在虚拟仿真平台中,把标签拖入读写器厂区内,之后在测试程序中选择识别模式,然后单击【开始识别】按钮,读取到卡号显示在文本框中,如图 5-38 所示。

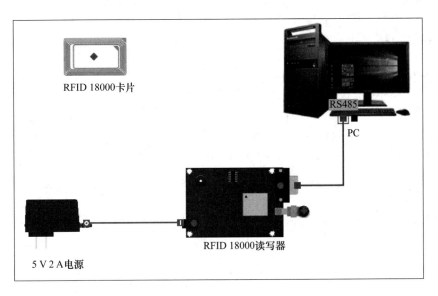

图 5-35 18000-6C 连接图

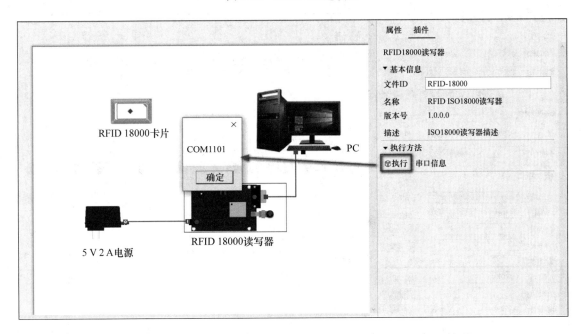

图 5-36 串口信息界面

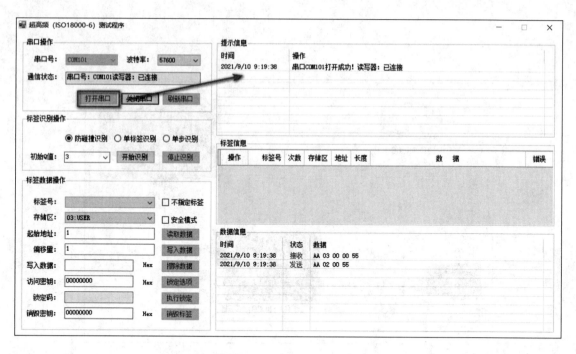

图 5-37　18000-6C 测试界面

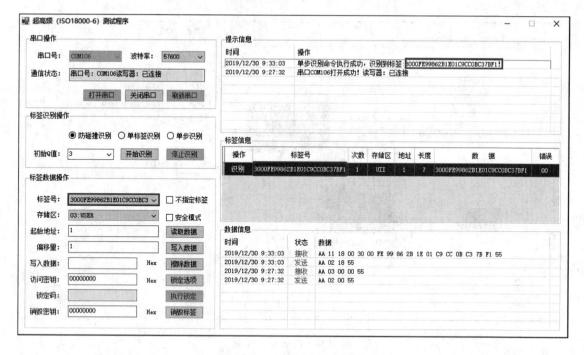

图 5-38　18000-6C 寻卡界面

（6）选中【RFID 18000 卡片】，在右侧属性栏的插件中单击【卡片内部信息】的【执行】按钮，查看卡片的标签号与读取的数据是否一致，如图 5-39 所示。

（7）获取到标签以后，选择读取的起始地址，以及偏移量（长度），然后单击【数据读取】按钮，如图 5-40 所示。输入需要写入的数据，以及起始位置，单击【写入数据】，如图 5-41所示。

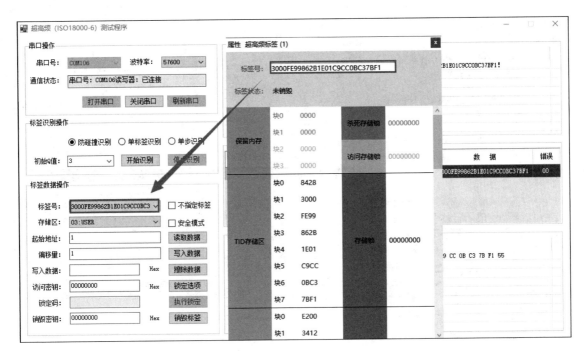

图 5-39 标签信息界面

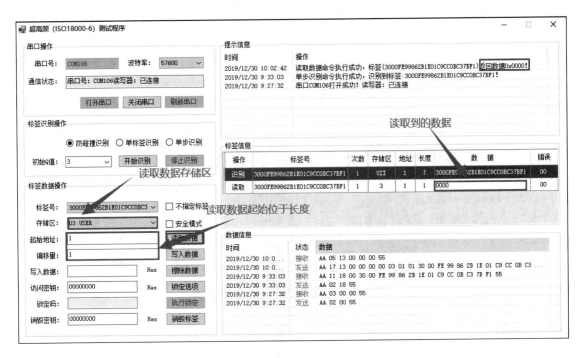

图 5-40 数据读取界面

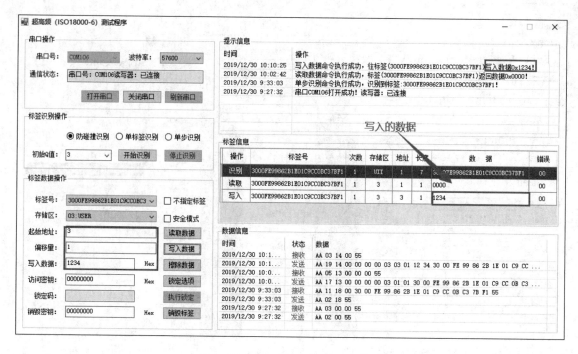

图 5-41　数据写入界面

（8）选中【RFID 18000 卡片】，在右侧属性栏的插件中单击【卡片内部信息】的【执行】按钮，查看标签属性中的数据与读取的数据是否一致，以及写入标签的数据是否写入成功，如图 5-42 所示。

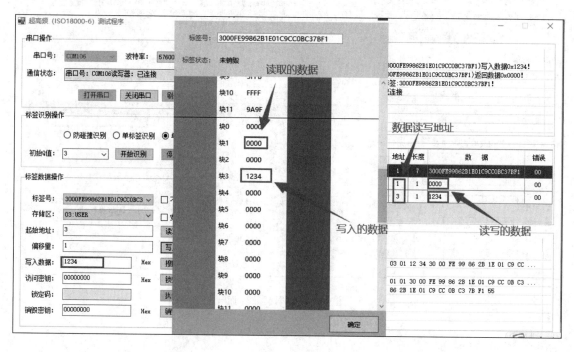

图 5-42　标签数据界面

5.6 有源2.4G实验操作

5.6.1 实验目的

在虚拟仿真实验平台中搭建好设备,启动测试程序,通过串口通信,读取到有源2.4G标签号,并对标签可以的ID,周期等进行设置。

5.6.2 实验设备

RFID 2.4G读写器、PC、3V2A电源、RFID 2.4G卡片。

5.6.3 实验设计

（1）启动虚拟仿真实验平台,在设备列表中找到2.4G实验所需设备,将其拖入实验台中,如图5-43所示。

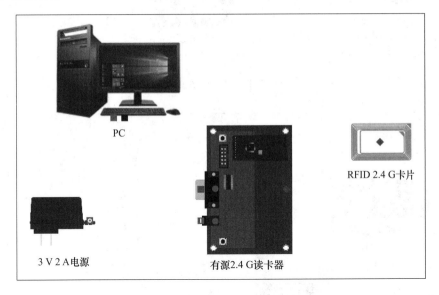

PC

RFID 2.4G卡片

3V2A电源

有源2.4G读卡器

图5-43　2.4G界面显示

（2）右击【3V2A电源】的【电源】接口,单击【RFID 2.4G读写器】的【电线（通用）】接口完成连接,右击【RFID 2.4G读写器】的【RS485（TIA/EIA-485）】接口,单击【PC】的【RS485】接口完成连接,如图5-44所示。

（3）选中【RFID 2.4G读写器】,在右侧属性栏的插件中单击【串口信息】的【执行】按钮,可以查看当前设备的串口,如图5-45所示。

（4）在【开始】菜单栏中找到RFID测试程序,选择超高频读写器,在测试选择与有源2.4G读写器一致的串口号,单击【打开】指令,使测试程序与超高频读写器建立通信,如图5-46所示。

（5）把标签拖入读写器厂区内,单击【开始寻卡】指令,读取到卡号显示在标签信息栏中,如图5-47所示。

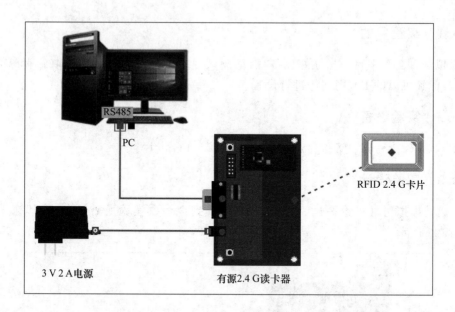

图 5-44 2.4 G 连接图

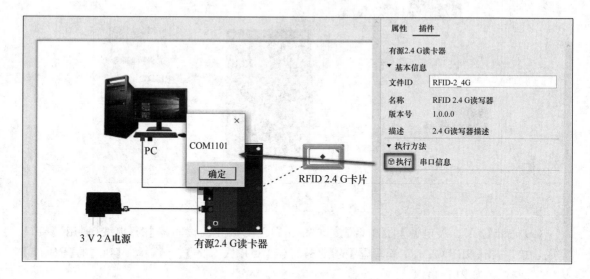

图 5-45 2.4 G 串口信息

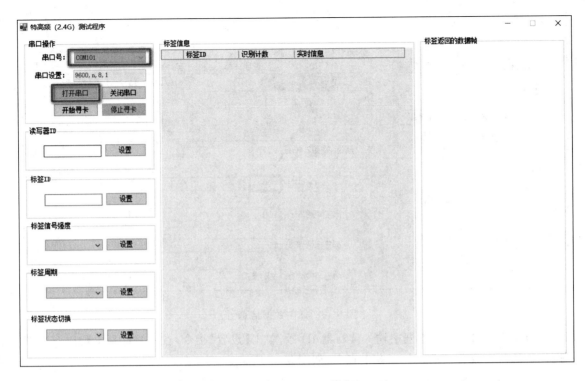

图 5-46 2.4 G 测试界面

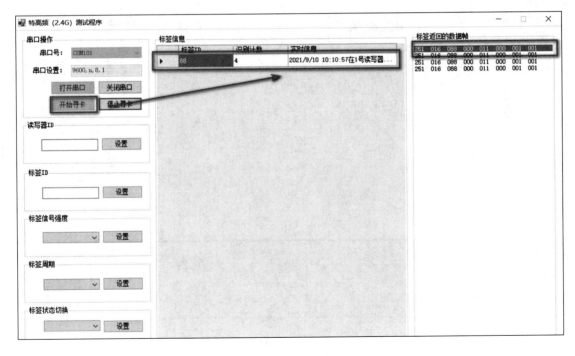

图 5-47 2.4 G 寻卡界面

（6）选中【RFID 2.4 G 卡片】，在右侧属性栏的插件中单击【卡片内部信息】的【执行】按钮，查看卡片的标签号与读取的数据是否一致，如图 5-48 所示。

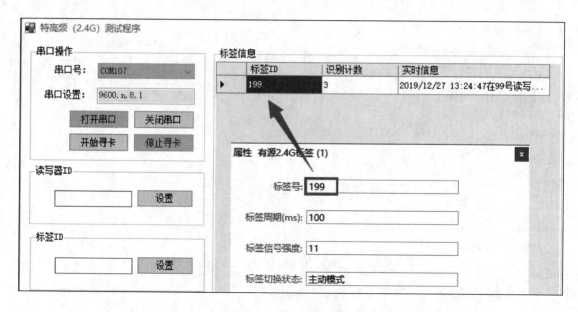

图 5-48　标签数据信息

（7）在读写器 ID 文本框中输入读写器 ID 号，单击【设置】指令，在实时信息中可以查看读写器 ID 的改变或者在返回数据帧中查看，如图 5-49 所示。

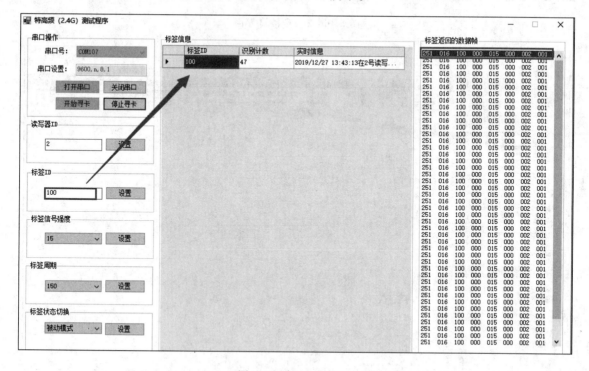

图 5-49　标签 ID 设置

（8）选中【RFID 2.4 G 卡片】，在右侧属性栏的插件中单击【卡片内部信息】的【执行】按钮，查看标签属性中的标签号属性与设置的属性是否一致，如图 5-50 所示。

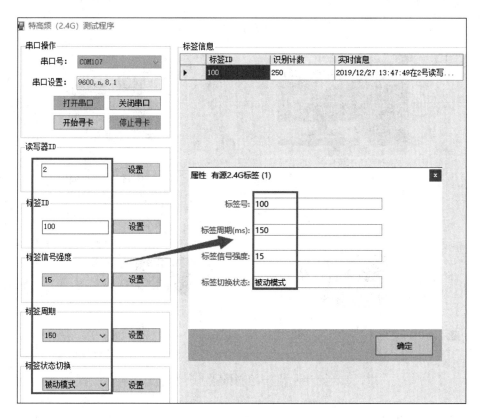

图 5-50　标签 ID 信息

5.7　433 MHz 实验操作

5.7.1　实验目的

通过无线数传网关,启动测试程序,通过 433 MHz 网络,用测试程序采集 433 MHz 温湿度传感器数据。

5.7.2　实验设备

网关(433 MHz)、温湿度传感器(433 MHz)、PC、12 V 1 A 电源。

5.7.3　实验设计

(1) 启动虚拟仿真实验平台,在设备列表中找到 433 MHz 实验所需设备,将其拖入实验台中,如图 5-51 所示。

(2) 右击【12 V 1 A 电源】的【电源】接口,单击温湿度传感器(433 MHz)的【电线(通用)】接口完成连接,右击【网关(433 MHz)】的【RS485(TIA/EIA-485)】接口,单击【PC】的【RS485】接口完成连接,如图 5-52 所示。

(3) 选中【网关(433 MHz)】,在右侧属性栏的插件中单击【串口信息】的【执行】按钮,可以查看当前设备的串口,如图 5-53 所示。

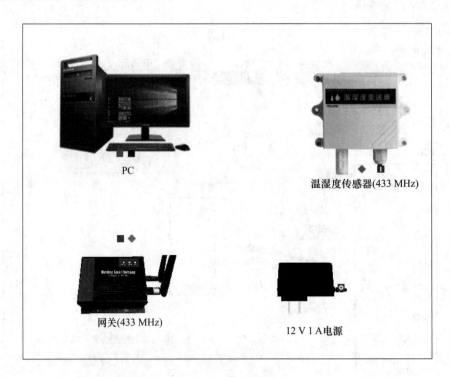

图 5-51　433 MHz 界面显示

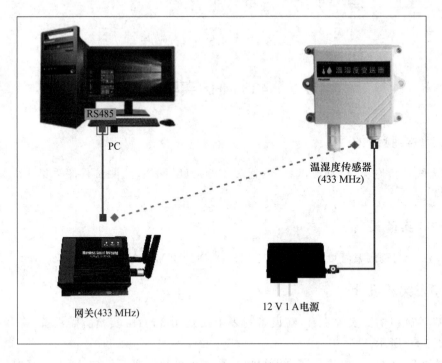

图 5-52　433 MHz 连接图

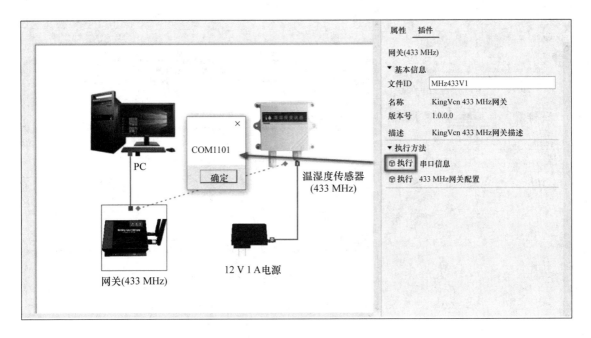

图 5-53 433 MHz 串口信息

（4）在【开始】菜单栏中单击 433 MHz 测试程序,然后选择【串口测试程序】,如图 5-54 所示。

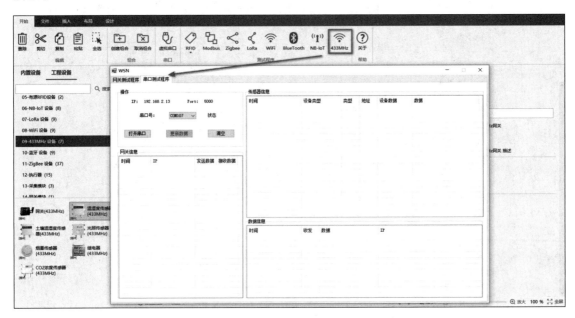

图 5-54 433 MHz 测试界面

（5）选择与网关一致的串口号,单击【打开】指令,使测试程序与网关建立通信,操作结果会在信息栏中显示,串口连接成功后,单击【更新数据】指令,右侧信息栏将显示获取到传感器的信息,数据信息栏会显示发送/接收的数据,如图 5-55 所示。

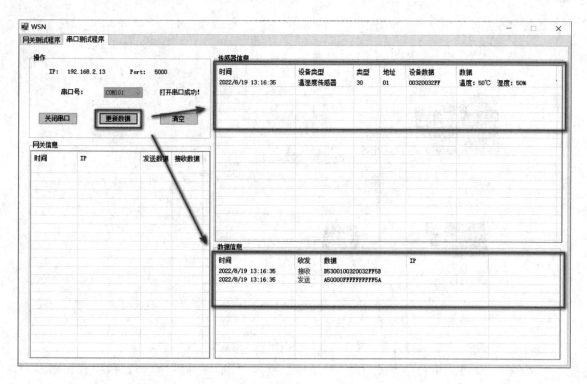

图 5-55　更新数据信息

第6章 网络通信连接

6.1 WSN 实验操作

6.1.1 实验目的

在虚拟仿真实验平台中搭建好设备,启动测试程序,通过串口通信或者 Socket 通信,获取传感器数据以及控制继电器的开/关。

6.1.2 实验设备

DTU-串口转 Socket 网关、协调器、12 V 1 A 电源、继电器、温湿度传感器、电动窗帘、震动传感器、烟雾传感器、红外热感传感器、数码管、红外对射光栅、风扇、灯、电磁锁、蜂鸣器等应用设备。

6.1.3 实验设计

(1) 启动虚拟仿真实验平台,在设备列表中找到 WSN 协调器实验所需设备,将其拖入实验台中,如图 6-1 所示。

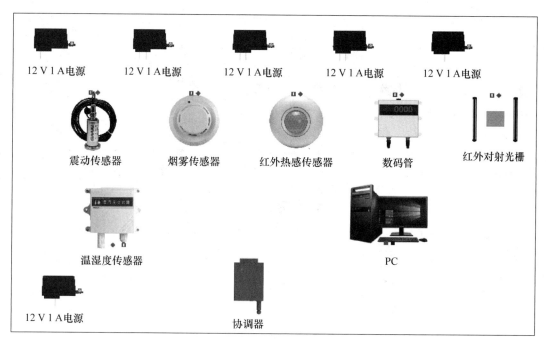

图 6-1 WSN 界面显示

（2）右击【12 V 1 A 电源】的【电源】接口，单击各传感器的【电线（通用）】接口完成连接，右击【协调器】的【RS485（TIA/EIA-485）】接口，单击【PC】的【RS485】接口完成连接，如图 6-2所示。

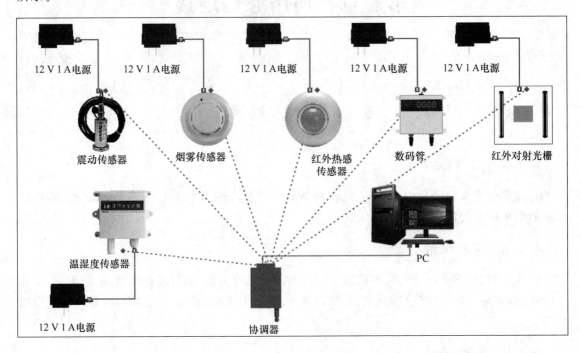

图 6-2　WSN 连接图

（3）选中【协调器】，在右侧属性栏的插件中单击【串口信息】的【执行】按钮，可以查看到当前设备的串口，如图 6-3 所示。

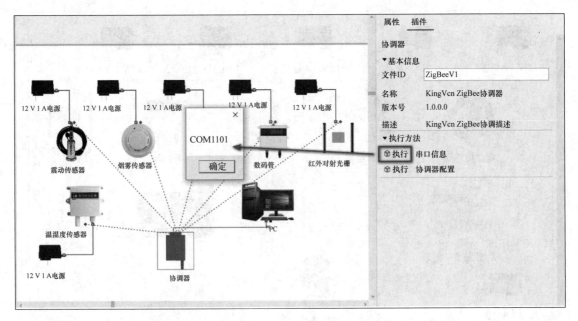

图 6-3　WSN 串口信息

（4）在【开始】菜单栏中单击 Zigbee 测试程序，然后选择【串口测试程序】，如图 6-4 所示。

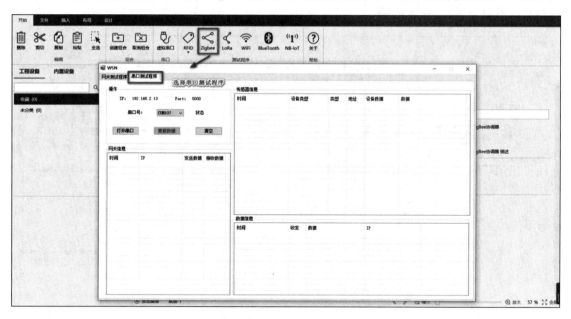

图 6-4　WSN 串口测试

（5）选择与协调器一致的串口号，单击【打开】指令，使测试程序与协调器建立通信，操作结果会在信息栏中显示，如图 6-5 所示。

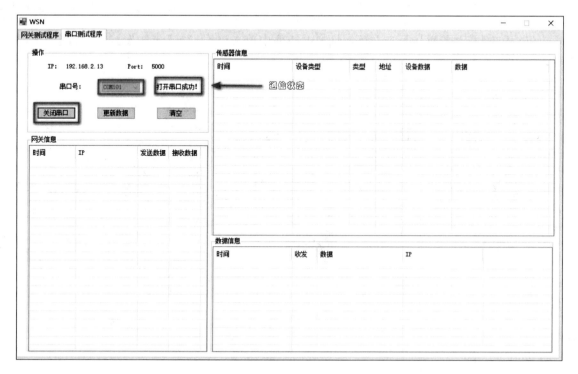

图 6-5　通信连接

（6）串口连接成功后，单击【更新数据】指令，右侧信息栏将显示获取到传感器的信息，数据信息栏会显示发送/接收的数据，如图 6-6 所示。

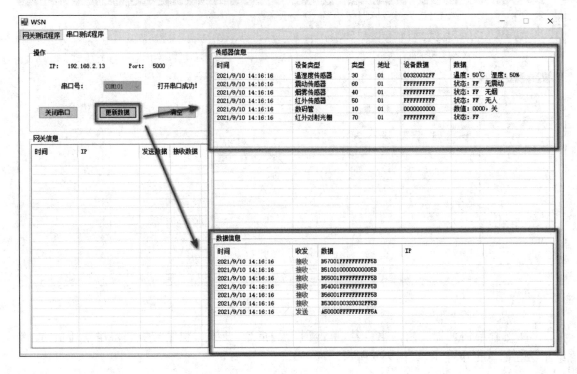

图 6-6　更新数据信息

（7）选中【震动传感器】，在右侧属性栏的插件中单击【触发】或【未触发】的【执行】按钮即可，如图 6-7 所示。

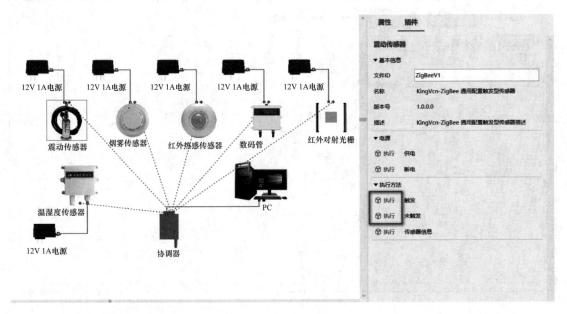

图 6-7　传感器设置

（8）设置模拟数据后,单击【更新数据】指令,重新获取到当前模拟器的数值,如图 6-8 所示。

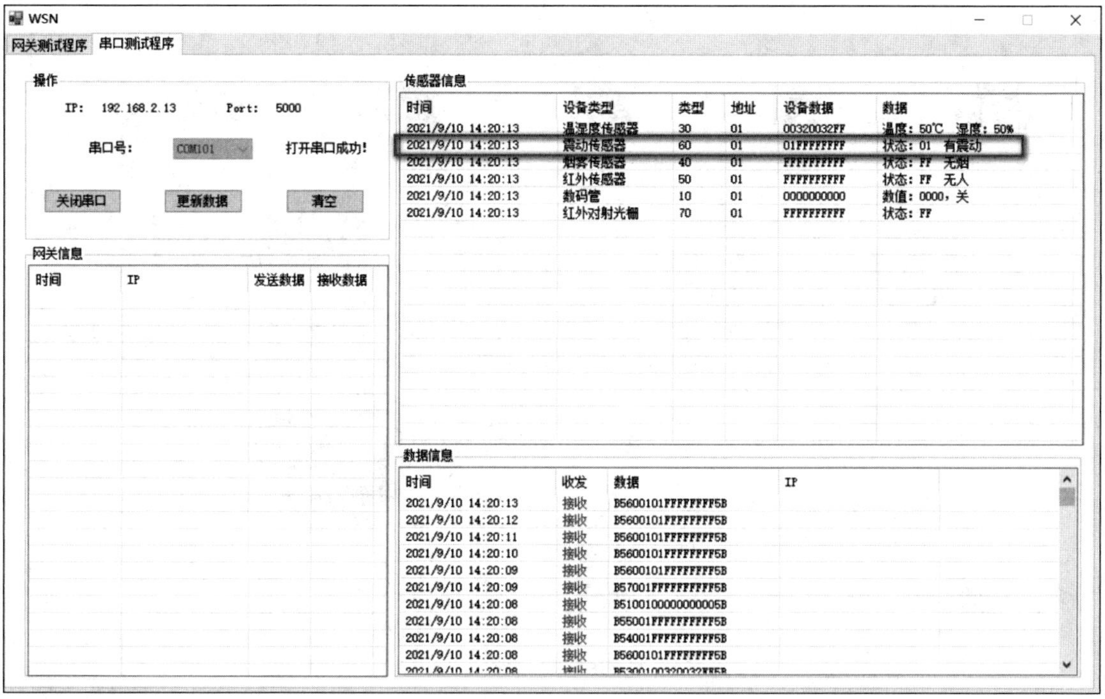

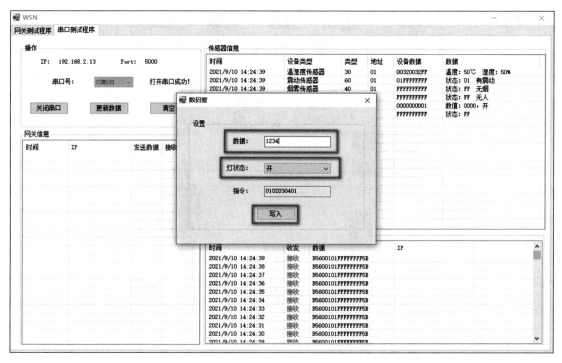

图 6-8　数据信息

（9）获取到传感器信息后,右击选择数码管,单击【写入数据】指令,进入写入命令界面,输入要显示的数据,选择灯的开关状态,如图 6-9 所示。

图 6-9　数据写入

（10）发送指令后，查看设备是否执行命令，如图 6-10 所示。

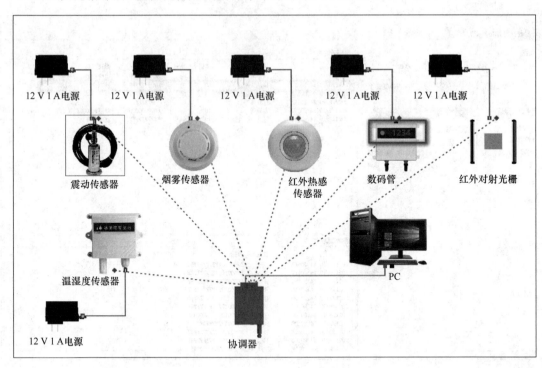

图 6-10　命令执行

（11）启动虚拟仿真实验平台，在设备列表中找到 WSN 网关实验所需设备，将其拖入实验台中，如图 6-11 所示。

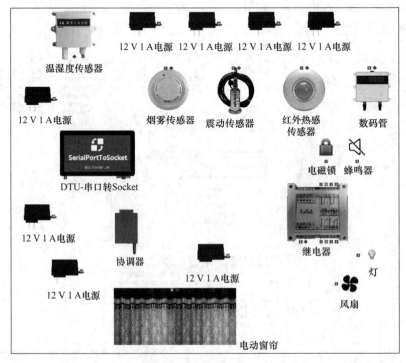

图 6-11　网关界面显示

（12）右击【12 V 1 A 电源】的【电源】接口，单击需要供电的设备（网关、继电器通道、传感器等）的【电线（通用）】接口完成连接，协调器通过串口连接到网关，右击【协调器】的【RS485（TIA/EIA-485）】接口，单击网关的【RS485】接口完成连接，单击【继电器】各个通道的【Power Out】接口分别单击【风扇】【灯】【电磁锁】【蜂鸣器】的【电源】接口完成连接，如图 6-12 所示。

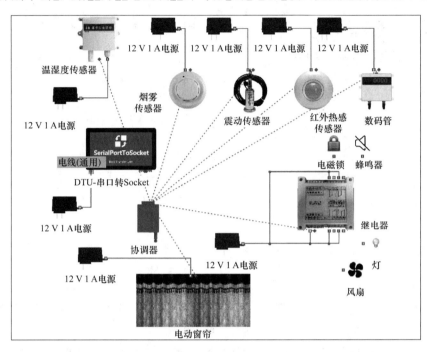

图 6-12　网关连接图

（13）选中【网关】，在右侧属性栏的插件中单击【配置服务】的【执行】按钮，可以打开 Socket 服务控制界面，查看到当前设备的地址和端口，然后单击【启动服务】，如图 6-13 所示。

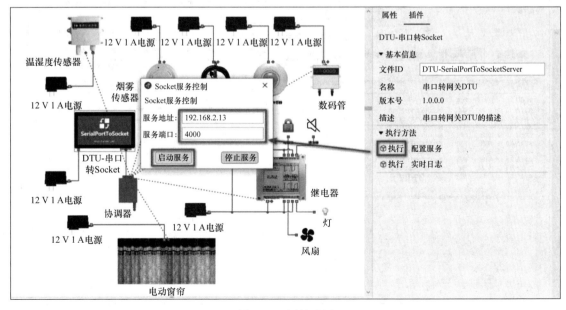

图 6-13　网关配置

（14）在【开始】菜单栏中单击 Zigbee 测试程序，输入相同的 IP 端口，单击【连接网关】指令，使测试程序与网关进行通信，操作结果会在信息栏中显示，如图 6-14 所示。

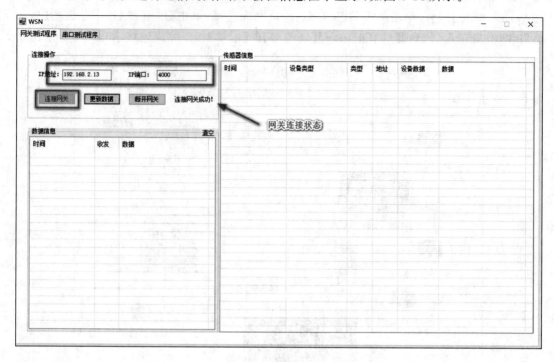

图 6-14　网关连接

（15）网关连接成功后，单击【更新数据】指令，右侧信息栏将显示获取到传感器的信息，数据信息栏会显示发送/接收的数据，如图 6-15 所示。

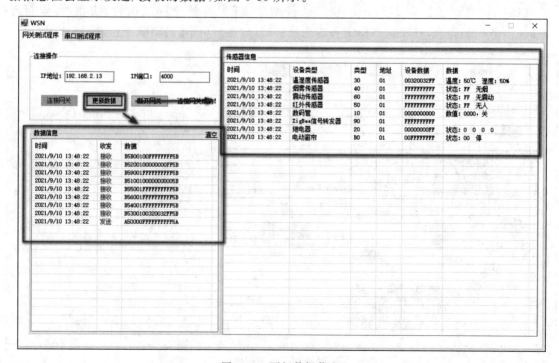

图 6-15　更新数据信息

（16）选中【温湿度传感器】，在右侧属性栏的插件中单击【数据源配置】的【执行】按钮，可以设置数据的值以及变化模式等，然后单击【同步】按钮保存设置，如图 6-16 所示。

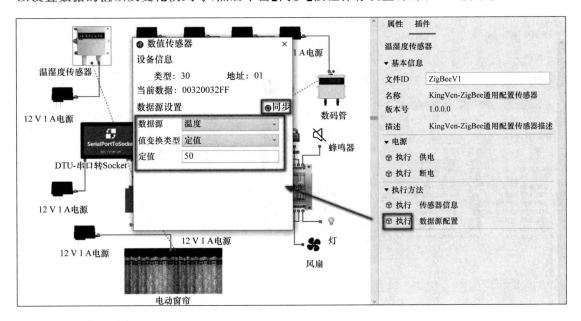

图 6-16　传感器设置

（17）设置模拟数据后，单击【更新数据】指令，重新获取当前模拟器的数值，如图 6-17 所示。

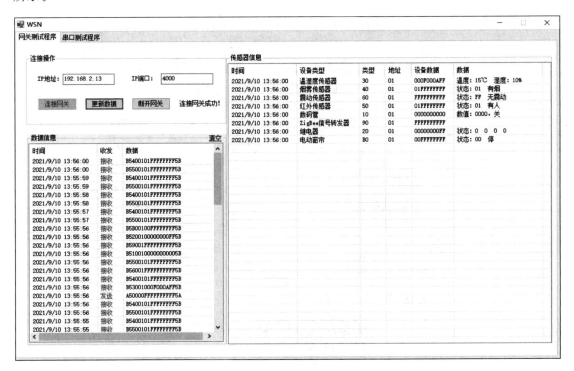

图 6-17　更新数据信息

（18）获取到传感器信息后，选择继电器，单击【写入数据】指令，进入写入命令界面，选中需要启动的设备，单击【发送指令】，如图 6-18 所示。

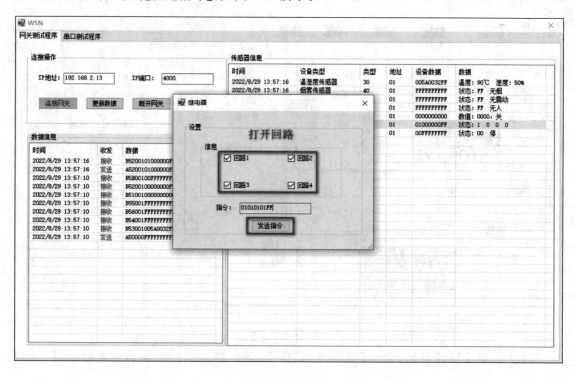

图 6-18　数据写入

（19）发送指令后，查看设备是否执行命令，如图 6-19 所示。

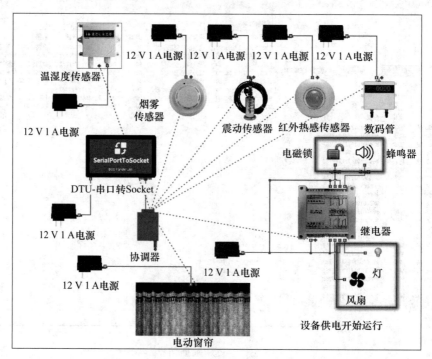

图 6-19　命令执行

6.2 NB-IoT 实验操作

6.2.1 实验目的

将设备连接到云平台,后续的上位机开发流程为通过云平台提供的 Http 或者其他协议接口获取到设备数据。本实验将光照传感器(NB-IoT)拖动到实验台中,启动测试程序,通过 NB-IoT 网络通信,在 OneNet 云平台中获取光照度传感器数据。

6.2.2 实验设备

光照传感器(NB-IoT)、12 V 1 A 电源、OneNet 云平台。

6.2.3 实验设计

(1) 登录云平台地址:https://open.iot.10086.cn/passport/login,若没有 OneNet 账号,请先注册账号,然后登录,如图 6-20 所示。

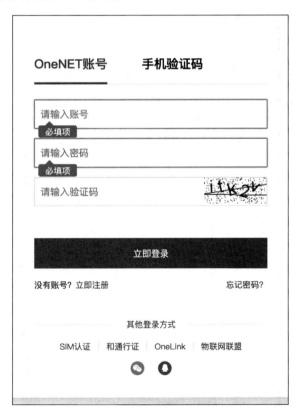

图 6-20 账号登录

(2) 进入控制台,选择多协议接入,如图 6-21 所示。

(3) 选择 ModBus 协议,单击"添加产品"按钮,根据自行需求完善表单信息,并确定添加产品,如图 6-22 所示。

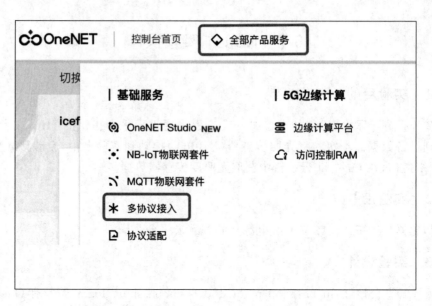

图 6-21　多协议接入

图 6-22　产品添加

（4）进入新建或已有的产品，单击左侧"设备列表"，单击"添加设备"按钮，完善表单并添加设备，如图 6-23 所示。

图 6-23 设备添加

需要注意的是，DTU 序列号和密码要和设备统一，不然无法连接到设备。若是真实设备 DUT 序列号和密码要和设备一致；若是仿真平台设备，要和仿真平台设备设置相同的 DTU 序列号和密码。

（5）单击"数据流"进入添加数据流界面，单击"添加采样数据流"按钮，根据需求完善表单并保存，如图 6-24 所示。

（6）启动虚拟仿真实验平台，在设备列表中找到 NB-IoT 实验所需设备，将其拖入实验台中，右击【12 V 1 A 电源】的【电源】接口，单击传感器的【电线（通用）】接口完成连接，如图 6-25 所示。

（7）选择传感器，在右侧插件栏中单击"NB-IoT 服务配置"的执行按钮，打开"传感器"界面进行配置，序列号需对应云平台中 DTU 序列号，密钥需对应云平台中 DTU 密码，产品 ID 需对应云平台中产品 ID，如图 6-26 所示。

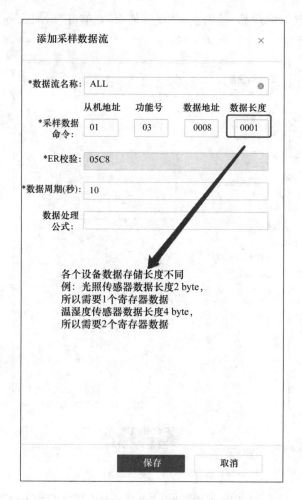

图 6-24　数据流添加

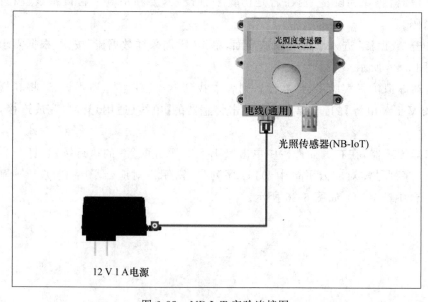

图 6-25　NB-IoT 实验连接图

图 6-26　NB-IoT 服务配置

（8）在云平台产品概况中查看产品 ID、DTU 序列号及密码信息，并在配置参数中填入对应设备信息，然后单击同步按钮保存信息到设备，如图 6-27 所示。

图 6-27　NB-IoT 参数配置

（9）选择传感器，在右侧插件栏中单击"NB-IoT 服务控制"的执行按钮，打开"NB-IoT 传感器控制"界面，单击"连接服务"按钮进行服务连接；然后单击"登录"按钮后，查看云平台设备列表,显示设备已在线,如图 6-28 所示。

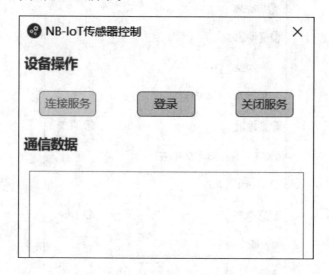

图 6-28　NB-IoT 服务连接

6.3　LoRa 实验操作

6.3.1　实验目的

通过 LoRa 网关,启动测试程序,通过 LoRa 网络通信,用测试程序获取 LoRa 温湿度传感器数据。

6.3.2　实验设备

PC、LoRa 网关、LoRa 温湿度传感器、12 V 1 A 电源。

6.3.3　实验设计

(1) 启动虚拟仿真实验平台,在设备列表中找到 LoRa 实验所需设备,将其拖入实验台中,如图 6-29 所示。

(2) 右击【12 V 1 A 电源】的【电源】接口,单击 LoRa 温湿度传感器的【电线(通用)】接口完成连接,右击【LoRa 网关】的【RS485(TIA/EIA-485)】接口,单击【PC】的【RS485】接口完成连接,如图 6-30 所示。

(3) 选中【LoRa 网关】,在右侧属性栏的插件中单击【串口信息】的【执行】按钮,可以查看当前设备的串口,如图 6-31 所示。

(4) 在【开始】菜单栏中单击 LoRa 测试程序,如图 6-32 所示。

(5) 选中 LoRa 温湿度传感器,在右侧的插件栏中单击"传感器信息"的执行按钮,查看设备的类型和地址信息,然后将其输入测试程序中,单击添加设备,设备的相关信息会在右侧显示,如图 6-33 所示。

(6) 选择与协调器一致的串口号,单击【打开】指令,使测试程序与协调器建立通信,将设备信息添加到测试程序并更新,如图 6-34 所示。

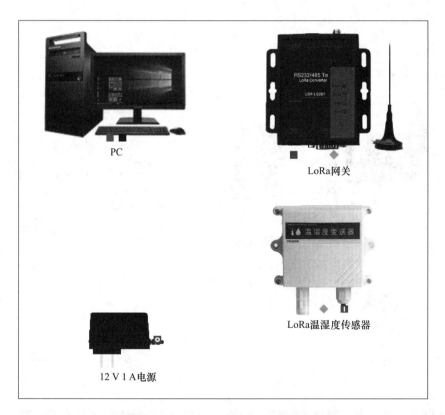

图 6-29　LoRa 实验设备显示界面

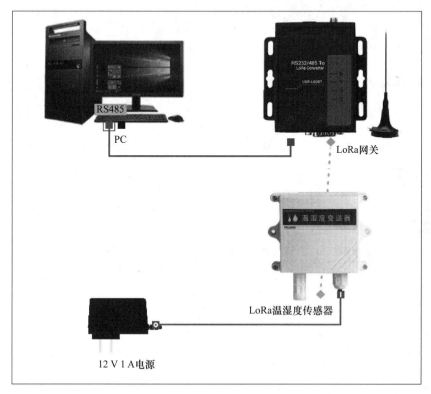

图 6-30　LoRa 实验设备连接图

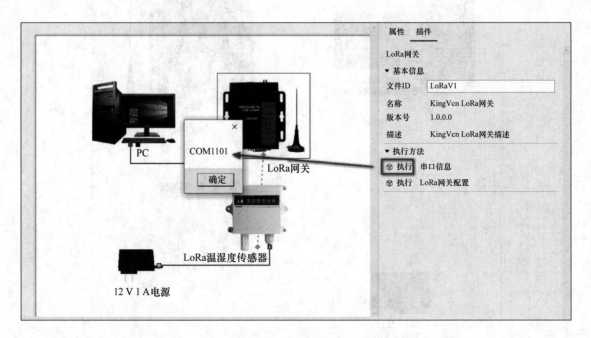

图 6-31　LoRa 串口信息

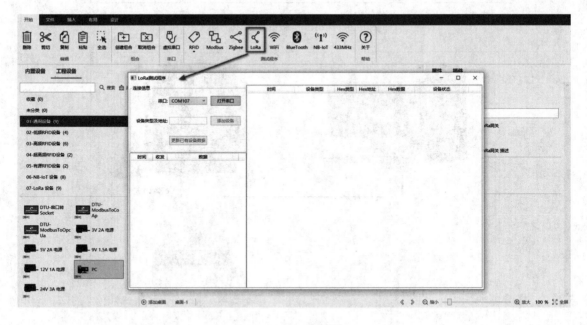

图 6-32　LoRa 测试界面

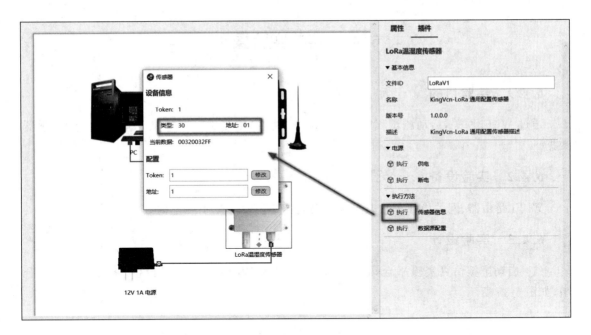

图 6-33 LoRa 信息界面

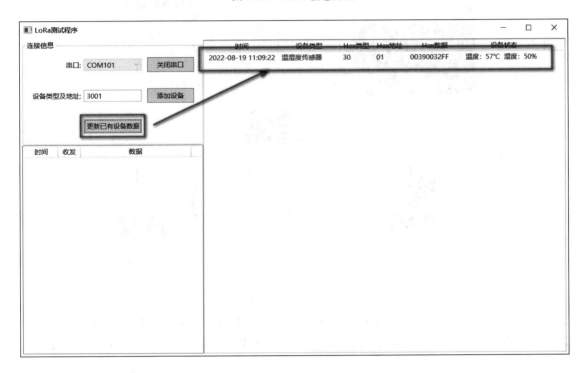

图 6-34 LoRa 更新数据

6.4　Wi-Fi实验操作

6.4.1　实验目的

通过 Wi-Fi 网关,启动测试程序,通过 Wi-Fi 网络,用测试程序采集 Wi-Fi 温湿度传感器数据。

6.4.2　实验设备

Wi-Fi 路由器、网关(Wi-Fi)、温湿度传感器(Wi-Fi)、12 V 1 A 电源、PC。

6.4.3　实验设计

(1) 启动虚拟仿真实验平台,在设备列表中找到 Wi-Fi 实验所需设备,将其拖入实验台中,如图 6-35 所示。

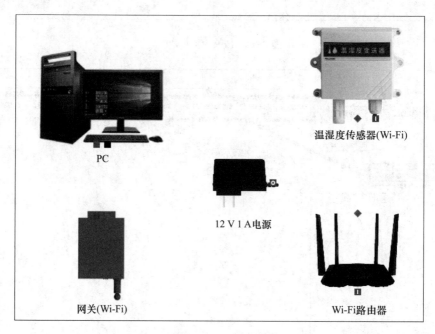

图 6-35　Wi-Fi 实验设备显示界面

(2) 右击【12 V 1 A 电源】的【电源】接口,单击传感器和 Wi-Fi 路由器的【电线(通用)】接口完成连接,单击【网关(Wi-Fi)】的【RS485(TIA/EIA-485)】接口,单击【PC】的【RS485】接口完成连接,如图 6-36 所示。

(3) 选中【网关(Wi-Fi)】,在右侧属性栏的插件中单击【串口信息】的【执行】按钮,可以查看到当前设备的串口,如图 6-37 所示。

(4) 在【开始】菜单栏中单击 Wi-Fi 测试程序,然后选择【串口测试程序】,如图 6-38 所示。

(5) 选择与网关一致的串口号,单击【打开】指令,使测试程序与网关建立通信,操作结果会在信息栏中显示,串口连接成功后,单击【更新数据】指令,右侧信息栏将显示获取到传感器的信息,数据信息栏会显示发送/接收的数据,如图 6-39 所示。

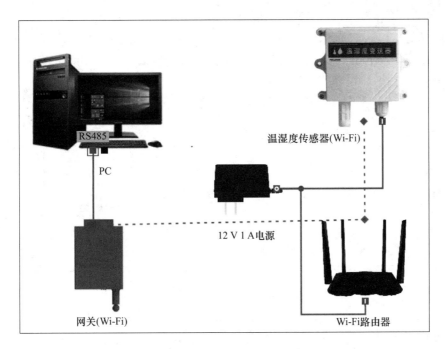

图 6-36　Wi-Fi 实验设备连接图

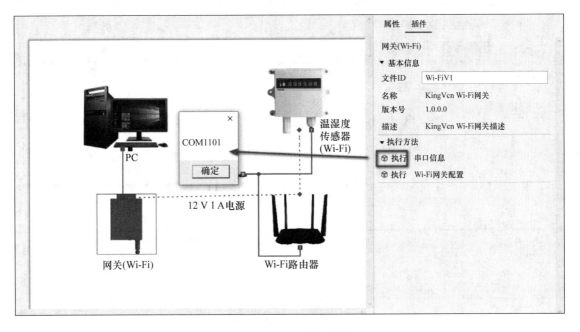

图 6-37　Wi-Fi 串口信息

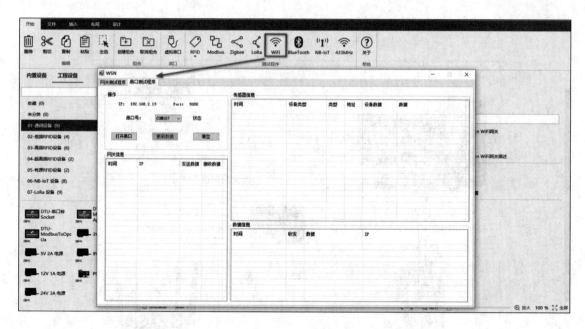

图 6-38　Wi-Fi 测试程序

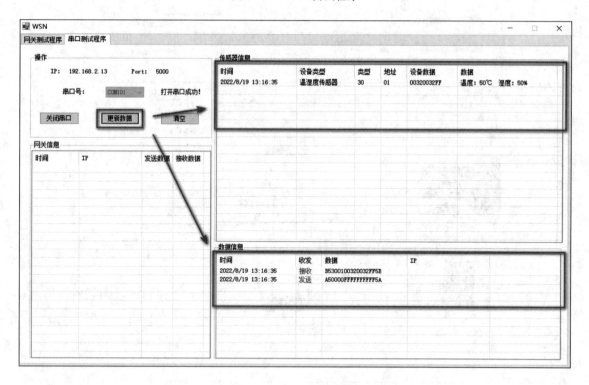

图 6-39　Wi-Fi 更新数据

6.5　蓝牙实验操作

6.5.1　实验目的

通过蓝牙网关,启动测试程序,通过蓝牙网络,用测试程序采集蓝牙温湿度传感器数据。

6.5.2　实验设备

蓝牙网关、温湿度传感器(蓝牙)、12 V 1 A 电源、PC。

6.5.3　实验设计

(1) 启动虚拟仿真实验平台,在设备列表中找到蓝牙实验所需设备,将其拖入实验台中,如图 6-40 所示。

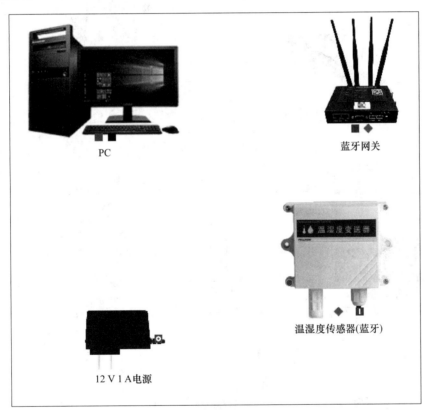

PC

蓝牙网关

温湿度传感器(蓝牙)

12 V 1 A电源

图 6-40　蓝牙实验设备显示界面

(2) 右击【12 V 1 A 电源】的【电源】接口,单击温湿度传感器(蓝牙)的【电线(通用)】接口完成连接,单击【蓝牙网关】的【RS485(TIA/EIA-485)】接口,单击【PC】的【RS485】接口完成连接,如图 6-41 所示。

(3) 选中【蓝牙网关】,在右侧属性栏的插件中单击【串口信息】的【执行】按钮,可以查看当前设备的串口,如图 6-42 所示。

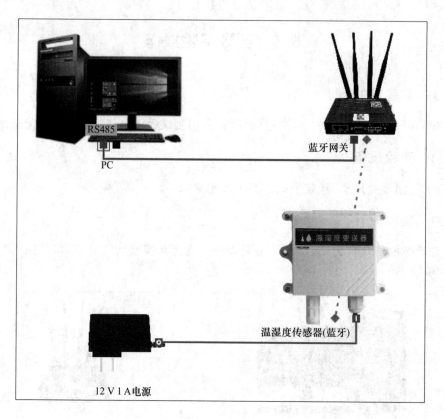

图 6-41　蓝牙实验设备连接图

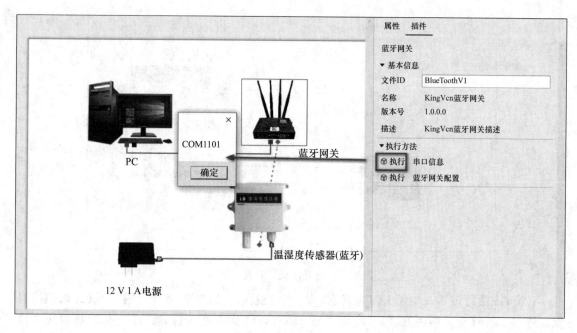

图 6-42　蓝牙串口信息

（4）在【开始】菜单栏中单击 BlueTooth 测试程序,然后选择【串口测试程序】,如图 6-43 所示。

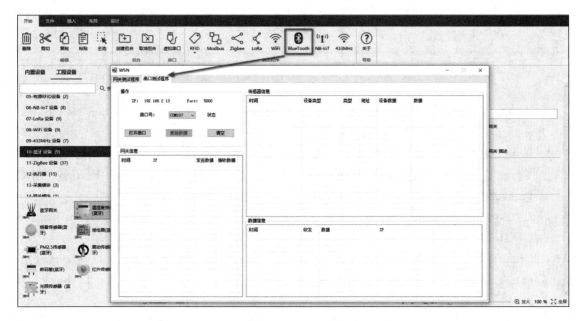

图 6-43　蓝牙测试程序

（5）选择与网关一致的串口号,单击【打开】指令,使测试程序与蓝牙网关建立通信,操作结果会在信息栏中显示,串口连接成功后,单击【更新数据】指令,右侧信息栏将显示获取到传感器的信息,数据信息栏会显示发送/接收的数据,如图 6-44 所示。

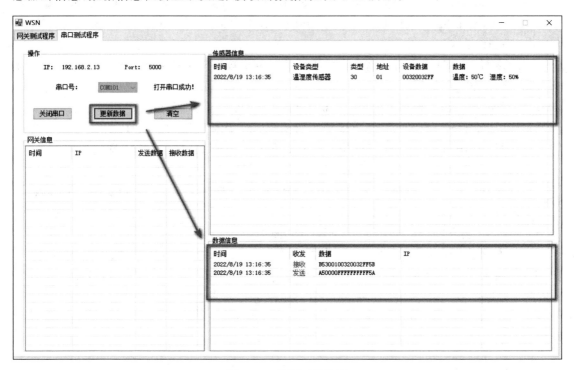

图 6-44　蓝牙更新数据

参 考 文 献

［1］ Zeshan A ，Etienne P，Nicolas B，et al. Chipless RFID Authentication：Design，Realization and Characterization［M］. ISTE Ltd，2022.

［2］ Roselli L . Green RFID Systems［M］. Cambridge：Cambridge University Press，2014.

［3］ Tyagi A . RFID Devices Handbook ［M］. FlorTida：Taylor and Francis：CRC Press，2014.

［4］ E. Bottani Fashion supply chain management using radio frequency identification (RFID) technologies［M］. Elsevier Ltd，2014.

［5］ Craig P ，Riaan S . Radio frequency identification (RFID) stock control and geo-location data system from a moving vehicle［J］. Journal of Engineering，Design and Technology，2024，22(1)：159-181.

［6］ WarrenJ R ，ColinT ，QuarrellR S ，et al. Impact of isolated and unattractive crops on honeybee foraging：A case study using radio frequency identification and hybrid carrot seed crops［J］. Agricultural and Forest Entomology，2023，26(2)：218-231.

［7］ Rezaie H ，Golsorkhtabaramiri M . A shared channel access protocol with energy saving in hybrid Radio - Frequency Identification networks and wireless sensor networks for use in the internet of things platform［J］. IET Radar，Sonar ＆ Navigation，2023，17 (11)：1654-1663.

［8］ 王欢. 面向 SM4 密码算法智能卡实现的能量分析攻击与评估方法研究［D］. 中国科学院大学，2016.

［9］ 袁海琛. 射频识别概述及应用［J］. 机械制造，2023，061(006)：49-50.

［10］ 许敏. 基于 STM32 的无线 POS 研究与实现［D］. 沈阳理工大学，2016.

［11］ 张皓，刘国辉，张新全. 智能卡抗 DPA 攻击技术研究［J］. 长江信息通信，2021，034 (007)：10-13.

［12］ 付丽华，葛志远，娄虹，等. 物联网 RFID 技术及应用［M］. 北京：电子工业出版社：202109.356.

［13］ 黄玉兰. 物联网［M］. 北京：人民邮电出版社，2016，4.

［14］ 黄玉兰. 物联网射频识别(RFID)技术与应用［M］. 北京：人民邮电出版社，2013：5.

［15］ 宁焕生. RFID 重大工程与国家物联网［M］. 北京：机械工业出版社，2011：12.